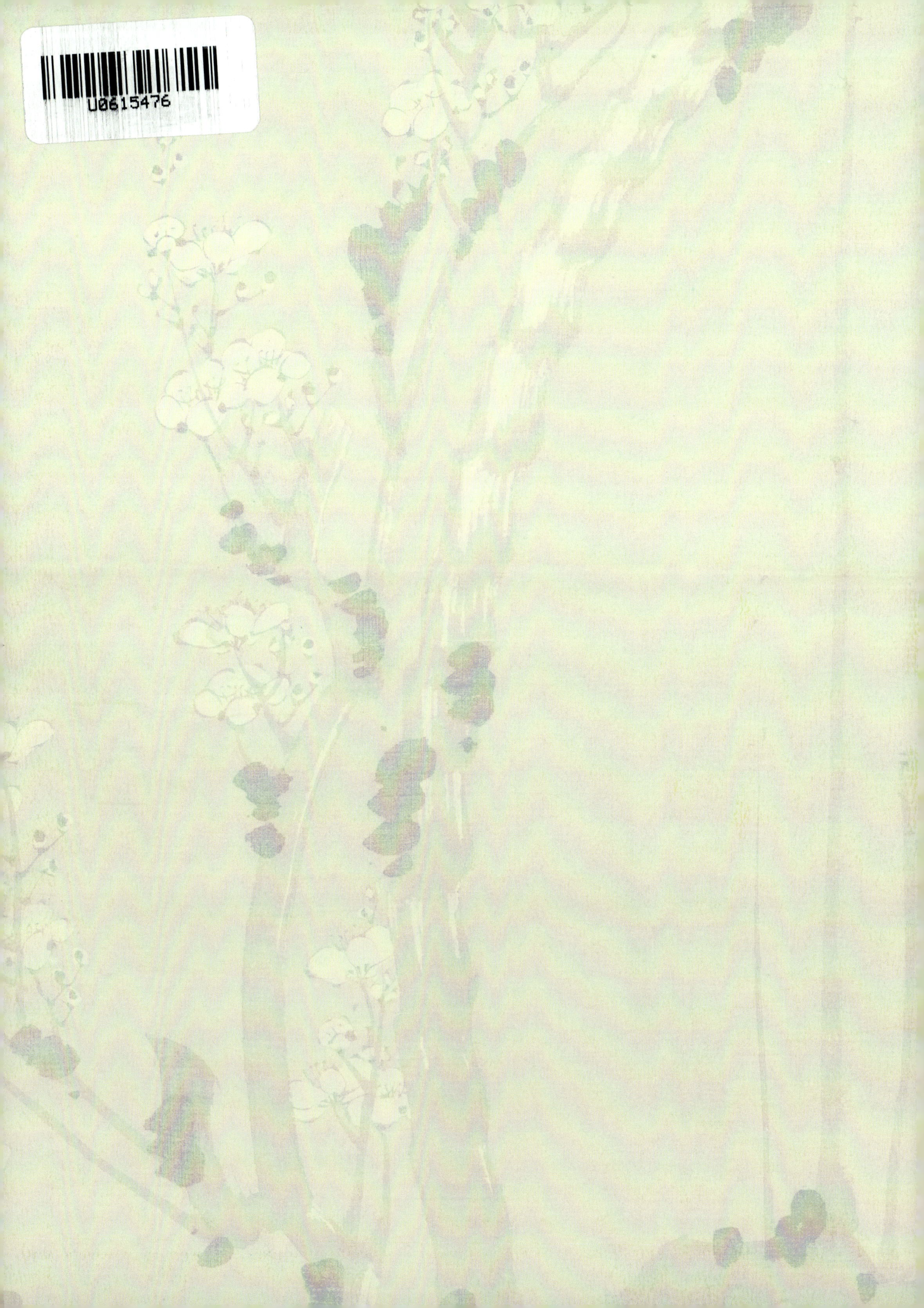

孝經集傳

明 黄道周 輯

明 崇禎刊本

图书在版编目（C I P）数据

孝经集传 / (明) 黄道周辑. -- 北京 : 海豚出版社,
2018.1
ISBN 978-7-5110-4148-7

Ⅰ. ①孝… Ⅱ. ①黄… Ⅲ. ①《孝经》 Ⅳ.
①B823.1

中国版本图书馆 CIP 数据核字(2017)第 329691 号

书名：孝经集传
作者：(明) 黄道周辑
责任编辑：李俊
责任印制：蔡丽
出　　版：海豚出版社
网　　址：http://www.dolphin-books.com.cn
地　　址：北京市百万庄大街 24 号
邮　　编：100037
电　　话：010-68325006（销售）　　010-68998879（总编室）
印　　刷：虎彩印艺股份有限公司
经　　销：新华书店及网络书店
开　　本：16 开（210 毫米×285 毫米）
印　　张：25.25
字　　数：202（千）
版　　次：2018 年 1 月第 1 版　　2018 年 1 月第 1 次印刷
标准书号：ISBN 978-7-5110-4148-7
定　　价：880 元

出版説明

人是一種會思想的動物，無論是要適應環境，克服生存的困難，抑或爲了生活得更有意義，思想皆不可或缺。在一般的中文習慣中，思想的涵義比"哲學"更寬泛，這種語用習慣的差異，也影響到學者對學術視野的選擇。一般而論，思想史的範圍也較哲學史爲廣闊，雖然很少得到清晰地界定，但它不失爲一種有效的學術視野。

在近代中國學術史上，思想史研究的興起與哲學史大約同時。一九〇二年三月，梁任公在其創辦的《新民叢報》上連續發表了《論中國學術思想變遷之大勢》系列論文，這可能是最早由國人撰著發表的思想史論文。而第一本由國人撰寫的中国古代哲學通史，則爲一九一六年謝無量的《中國哲學史》。這兩本早期著述有其學術史的意義，但其中對學科的性質與研究方法等多無明確的説明。事實上，無論是學者的闡述，還是其實際的操作，在思想史與哲學史之間都不易劃出清晰的界限，直到當代也仍然如此。拋開細節不論，就語用習慣及有關實踐而言，思想史表徵一種對歷史文化廣闊而深入的關照，其研究方法，關注的問題，都較哲學史爲多元，史料基礎也不可同日而語。尤其是在郭沫若、侯外廬等人建立起來的研究傳統中，思想史有明确的社會史取向，或因其與傳統的文史之學有親和性，以至在今天，這種思路仍然很有生命力。

文獻發掘向來是思想史研究的基本環節。爲了促進有關研究，我們選輯多種文本編爲“中國古代思想史珍本文獻叢刊”。全編選目包括經典文本，如儒、道二家的經解，重要思想家作品的早期刻本，和某些并不廣泛受到關注的作家文集的舊刻本。本編中也選録了數種反映古代民俗信仰的文獻，如《關聖帝君聖跡圖志》、《卜筮正宗》等等。這些文本在傳統的學術視野中，多以爲不登大雅之堂，在今日視之，或者正因其反映了古代社會一般的信仰氛圍，而有重要的文本價值。此外，本編也著意收録了數種通常被視爲藝術史史料的文本，如《寶綸堂集》、《徐文長文集》等，我們認爲對思想史關注而言，範圍與深度同樣重要。

選集本編，也有文獻學上的意圖。中國古代有悠久的文獻學傳統，大量古籍文本的傳刻與整理造就了古代中國輝煌的古籍文化。本編收録的這些刻本不僅是古代學術發生、衍變的物質證據，也是古代古籍文化的重要部分。本編所收録的全部作品皆爲彩版影印，最大限度地保存了文獻的細節。其中有部分殘卷，視具體情況，或者補配，或者一仍其舊。本編的選目受制於編者的認識與底本資源，或者有不妥、不備之處，希望讀者不吝指正。

目録

恭

進孝經集傳序

臣觀孝經者道德之淵源治化之綱領也六經之本皆出孝經而小戴四十九篇大戴三十六篇儀禮十七篇皆爲孝經疏義蓋當時師偃商參之徒習觀夫子之行事誦其遺言尊聞行知萃爲禮論而其至要所在備於孝經觀戴記所稱君子之教也及送終時思之類多稱孝經者蓋孝爲教

本禮所繇生語孝必本敬本敬則禮從此起非必禮記枋爲孝經之傳註也臣緯孝經微義有五著義十二微義五者因性明教一也追文反質二也貴道德而賤兵刑三也定辟異端四也韋布而享祀五也此五者皆先聖所未著而夫子獨著之其文甚微十二著者郊廟明堂釋奠齒胄養老耕藉冠昏朝聘喪祭鄉飲酒是也著是十七者以治天下選士不與焉而士出其中

矣天下休明

聖主尊經循是而行之五帝三王之治猶可以

復也臣道周冐昧謹輯上言

此書在戊寅秋月起艸未就至己卯春略有次第未經

進呈幸不中廢乃於九江綜其遺緒癸未抵家爰發敝笥以示同人幸藉衆思裨其缺漏嗣當繕寫以貢前修焉

孝經集傳目錄

經 凡一百二十九字 小傳四百三十三字 傳 大一千一百三十七字 小三千三百四十六字

經 凡一百四十二字 小傳六百三十五字 傳 大一千九百九十一字 小二千八百三十六字

經 凡二百八十四字 小傳二千一百二十五字 傳 大一千三百九十二字 小五千一百二十八字

第三卷 紀孝 五刑 廣要道 廣至德 凡四章

經 凡九十一字 小傳三百五十六字 傳 大二千七十九字 小三千二百三十字

經 凡三十七字 小傳三百八十五字 傳 大一千四百七十八字 小二千九百字

經 凡八十一字 小傳二百五十四字 傳 大一千九百五十三字 小一千六百三十一字

經 凡八十字 小傳二百一十字 傳 大一千三百一十字 小一千五百六十二字

第四卷 廣揚名 諫諍 感應 事君 喪親 凡五章

經凡四十五字　小傳一百十八字　傳大九百八十二字　小一千一百五十二字

經凡一百四十三字　小傳七百九十四字　傳大五百一十七字　小一千一十一字

經凡一百九字　小傳五百二十五字　傳大一千二百七十八字　小三千三百六字

經凡四十九字　小傳五百四十四字　傳大七百五十六字　小一千六百七十一字

經凡一百四十二字　小傳一千三百三十五字　傳大二千四百四十四字　小二千六百九十四字

通計

經凡一十八章　一千七百九十一字

大傳凡二百七十二則　二萬二千四百九十八字

小傳凡三百一十七則　五萬一百七十七字

共得七萬四千四百六十六字

孝經集傳卷之一

經筵日講官詹事府少詹事協理府事兼翰林院侍讀學士臣黃道周謹輯

開宗明義章第一

仲尼居曾子侍子曰先王有至德要道以順天下民用和睦上下無怨女知之乎

順天下者順其心而巳天下之心順則天下皆順矣因心而立教謂之德得其本則曰至德因心而成治則曰道得其本則曰要道道德之本皆生於天因天所命以誘其民非有強於民也夫子見世之立教者不反其本將以天治之故發端於此焉

曾子曰參不敏何足以知之

子曰夫孝德之本也教之所繇生也

本者性也教者道也本立則道生道生則教立先王以孝治天下本諸身而徵諸民禮樂教化於是出焉周禮至德以爲道本敏德以爲行本孝德以知逆惡雖有三德其本一也

復坐吾語女

身體髮膚受之父母不敢毁傷孝之始也立身行道揚名于後世以顯父母孝之終也

教本於孝孝根於敬敬身以敬親敬親以敬天仁義立而道德從之不敢毁傷敬之至也爲天子不毁傷天下爲諸侯大夫不毁傷家國爲士庶不毁傷其身持之以嚴

守之以順存之以敬行之以敏無怨於天下而求之於身然後其身見愛敬於天下身見愛敬於天下則天下亦愛敬其親矣故立教者終始於此也

夫孝始于事親中于事君終于立身

始于事親道在於家中于事君道在天下終于立身道在百世爲人子而道不著於家爲人臣而道不著於天下身歿而道不著於百世則是未嘗有身也未嘗有身則是未嘗有親也天子之事天亦猶是矣詩曰我其夙夜畏天之威于時保之保身之與保天下其義一也

大雅云無念爾祖聿修厥德

德修則道立道立則名成君子之修德不爲名也書曰七世之廟可以觀德君子一

不敬而墜七世之廟毀傷一人而毀及百世之宗詩曰商之孫子其麗不億上帝旣命侯于周服君子敬身如敬天大周家三世皆有孝德乃命於天武王數紂之罪曰謂已有天命謂敬不足行謂祭無益謂暴無傷其道正反故君子修德敬身之爲貴也

右經第一章 凡一百一十九字 小傳五百五字

孝經舊本凡十八章一千七百七十三字所以埏埴五經綱紀萬象也石臺本皆依劉向所較河間獻王得於顏芝者獨標題差殊耳近儒皆疑四孝俱有引詩而庶人獨否似有闕文又聿修之義大雅所告天子無忝之詠小宛以勗庶民欲移大雅以發天子之端推無忝以起庶民之似於說亦通然於首章文義未絡於過節發端多礙小宛之賦雖通於庶人有慶之義反疎於侯國又攷匡衡論政治疏中稱聿修厥

德孝經引爲首篇則自匡衡而上韓嬰疏廣皆然不必劉向矣凡孝經之義不爲麤人而發其自舜文而下獨推周公以愛敬爲道德之原豫順爲禮樂之實雖曾子論孝十章未有能闡其意者蓋曾子之微言授於子思而中庸之精義發於孟子游夏之徒微分敬養以弘禮樂之施曲臺諸儒兼採質文以收道德之委至其精義備在孝經舜文復起無所復易也劉炫謬以閨門之語溷於聖經朱子譏以聖人之訓自分經傳必拘五孝以發五詩則厥失維均去古愈遠矣

大傳第一

凡傳皆以釋經必有旁引出入之言孝經皆曾子所受夫子本語不得自分經傳而游夏諸儒所記曾子孟子所傳實爲此經羽翼故復備採之以溯淵源云

子曰君子無不敬也敬身爲大身也者親之枝也敢不敬與不能敬身是傷其親傷其親是傷其本傷其本枝從而亡

不敢毀傷厚其本也有子曰君子務本大學曰其本亂而末治者否矣然則毀傷何謂也曰暴棄之謂也孟子曰言非禮義謂之自暴吾身不能居仁由義謂之自棄也暴棄其身則暴棄其親膚髮雖存有甚於毀傷者矣詩曰各敬爾儀天命不又

子曰君子言不過辭動不過則百姓不命而敬恭如是則能敬其身能敬其身則能成其親矣

言動不過百姓敘恭百姓之於君子亦猶之膚髮也君子以天下爲身體百姓爲膚髮怨惡生於下則毀傷著於上和睦無怨則百體用康周書曰若德裕乃身不廢在王命又曰嗚呼小子封恫瘝乃身敬哉是之謂也

子曰君子也者人之成名也百姓歸之名謂之君子之子是使其親爲君子也是爲成其親之名也已

親之愛子不爲其身之名也而子毀其名則親傷其身幽厲之於文武有餘恫者矣書曰恐人倚乃身迂乃心予迓續乃命于天是先王之仁也

子曰古之爲政愛人爲大不能愛人不能有

其身不能有其身不能安土不能安土不能

樂天不能樂天不能成其身

易曰樂天知命故不憂安土敦乎仁故能愛不安土則不敦仁不樂天則不知命不敦仁不知命不有人亂則有天刑詩曰敬之敬之天維顯思命不易哉無曰高高在上所以敎成身者也

哀公問曰敢問何爲成身孔子對曰不過乎物仁人不過乎物孝子不過乎物是故仁人之事親也如事天事天如事親是故孝子成身

物者天之所生也天之生物使之一本身體髮膚家國天下皆物也其本則皆性也能盡其性則能盡人之性能盡人之性則能盡物之性三德六行脩身三事六府脩捴外不過乎物不遠乎身皆親也則皆天也天子事天士庶事親其本捴誠敬純一不已則一也子曰舜其大孝也與德爲聖人尊爲天子富有四海之內宗廟享之子孫保之故大德必得其位必得其祿必得其名必得其壽故天之生物必因其材而篤焉夫舜而有過物乎哉舜亦成物而已成物則成親成親則成天成天則成身故如舜而後爲成身者也

哀公曰敢問何貴乎天道也孔子對曰貴其不已如日月東西相從而不已也是天道也

不閉其久是天道也無爲而成是天道也已

成而明是天道也

天道者何誠之謂也誠以成己誠以成物誠者敬也不敬則無終始無終始則無物無物則無親無親則無天詩曰天生烝民有物有則中庸曰誠者自成也而道自道也誠者物之終始不誠無物仁人不過乎物孝子不過乎物敬以成始敬以成終日月東西起而相從詩曰維天之命於穆不已於乎不顯文王之德之純如文王則所謂純孝者也

公明儀問於曾子曰夫子可謂孝乎曾子曰是何言與是何言與君子之所謂孝者先意

承志喻父母扵道參直養者也安能孝乎身者親之遺體也行親之遺體敢不敬乎故居處不莊非孝也事君不忠非孝也蒞官不敬非孝也朋友不信非孝也戰陣無勇非孝也五者不遂災及其身敢不敬乎

曾子之告公明儀亦猶夫子之告子游也五者不遂毀傷其身五者而遂亦毀傷其身則曾子奚取之乎曰吾取其敬者而已祭而受福戰而必克遜言危行吾未見夫忠君勇戰而死者矣死而無所毀傷則猶之成身者也曰其道存焉爾

曾子曰君子之所謂孝者國人皆稱願焉曰

孝哉有子如此此所謂孝也父母既歿愼行其身不遺父母惡名可謂能終也夫仁者仁此者也義者宜此者也忠者中此者也信者信此者也禮者體此者也行者行此者也彊者強此者也樂自順此生刑自反此作

七德者皆敬也愼行其身不遺惡名非惡其聲而然也國人稱願有子如此非要譽而爲之也遠刑而近名遠名而近刑君子則皆不爲也君子愼行而已愼行則近於道矣然則曾晳未爲不道也而曾子自謂諭親未能何也曰曾子揚親者也曾子以言行逐其親先意承志則有所未逮也詩曰教誨爾子式穀似之曾子之謂也

曾子曰君子旣之爲患辱之爲畏見善恐不得與焉見不善恐其及已也是故君子疑以終身

立身行道何疑之有疑而後思思而後有終詩曰永言孝思孝思維則

曾子曰言不遠身言之主也行不遠身行之本也言有主行有本謂之有聞矣君子尊所聞則高明矣行所知則廣大矣高明廣大無它在加之意而已矣

加意無它曰敬愼而已君子之言如吹篪其出之益細則聞之益遠行如集木其處

上愈高則視下滋懼矣毀傷之言曾子物身焉曾子豈有近扵刑名者乎曰吾之所知所聞不過如此而已

曾子曰人言不善而不違近扵說其言說其言殆扵以身近之也殆扵以身近之殆扵身之矣人言善而色葸焉近扵不說其言不說其言殆扵以身近之也殆扵以身近之殆扵身之矣

身扵爲不善者君子不入也殆扵不善則亦幾殆矣以是立身猶未至扵行道也而道本諸身恆必繇之書曰乃奉其恫汝悔身何及是曾子所謂終身守此憚憚也

曾子曰孝子不登高不履危痺亦弗憑不苟笑不苟訾隱不命臨不指居易俟命不興險以儌幸孝子游之暴人違之出門而使不以或爲父母險途隘巷不求先焉以愛其身不敢忘其親也

是猶未至於行道也然不如是不足以行道君子不外道而求身不外身而求道孟子曰道在邇而求諸遠事在易而求諸難人人親其親長其長而天下平又曰孰不爲事事親事之本也孰不爲守守身守之本也故如是則可謂知本者矣詩曰凡百君子各敬爾身胡不相畏不畏于天敬親之與敬天其致一也

樂正子春曰吾聞之曾子曾子聞諸夫子曰天之所生地之所養人爲大矣父母全而生之子全而歸之可謂孝矣君子一舉足不敢忘父母一出言不敢忘父母一舉足不敢忘父母故道而不徑舟而不游不以父母之遺體行殆一出言不敢忘父母是故惡言不出於口忿言不及於己然後不辱其身不憂其親則可謂孝矣

是亦未至於行道也然至於是而道不行者鮮矣爲天子者以天下全歸於天爲諸

侯者以社稷全歸其祖爲卿士者以祿位全歸其君一言一行不忘其親乆而後成親成親親而後成天成天而後成道詩曰成王不敢康夙夜基命宥密是之謂也

曾子曰草木以時伐焉禽獸以時殺焉吾聞諸夫子斷一樹殺一獸不以其時非孝也

夫如是則可謂不毀傷者矣不毀傷其身以不毀傷萬物不毀傷天下虞書曰疇若予上下草木鳥獸商書曰暨鳥獸魚鼈咸若盡人盡物之性參贊天地則亦庶乎此也孟子曰人皆有不忍人之心先王有不忍人之心斯有不忍人之政以不忍人之心行不忍人之政治天下可運於掌上故曰天子者天之孝子也孝子事親仁人事天不過乎物則亦曰時而已時者天地所爲大順也詩曰孔惠孔時維其盡之子子

孫孫勿替引之

右傳十四則大傳三百九十九字小傳一千八百三十六字

天子章第二

子曰愛親者不敢惡於人敬親者不敢慢於人愛敬盡於事親而德教加於百姓刑於四海蓋天子之孝也

天子者立天之心立天之心則以天視其親以天下視其身以天視親以天下視身則惡慢之端無繇而至也故愛敬者禮樂之本中和之所繇立也惡人以惡其親慢人以慢其親則雖庶人不爲也夏書曰予視天下愚夫愚婦一能勝予一人三失怨

豈在明不見是圖予臨兆民懍乎若朽索之馭六馬爲人上者柰何不敬敬者愛之實也愛敬盡於事親而惡慢消於天下惡慢不生中和乃致不言德教而德教盡於是詩曰惠于宗公神罔是怨神罔是恫刑于寡妻至于兄弟以御于家邦是之謂也

甫刑云一人有慶兆民賴之

易曰來章有慶譽吉慶譽皆孝也皆福也天子以孝事天天以福報天子兆民百姓則其膚髮也又何不利之有

賈生曰三代之禮天子春朝朝日秋暮夕月所以明有敬也春秋入學坐國老執醬而親饋之所以明有孝也行以鸞和步中采齊趨中肆夏所以明有度也其於禽獸見其生不忍見其死聞其聲不忍食其肉胡遠庖廚所以長恩且明有仁也食以禮徹以樂失度則史書之工誦之三公進而

讀之宰夫減其膳是天子不得爲非也明
堂之位曰篤仁而好學多聞而道愼天子
疑則問應而不窮者謂之道道者道天子
以道者也常立於前是周公也誠立而敢
斷輔善而相義者謂之充充者充天子之
志也常立於左是太公也潔廉而切直匡
過而諫邪者謂之弼弼者拂天子之過者
也常立於右是召公也博聞而強記捷給
而善對者謂之承承者承天子之遺忘者
也常立於後是史佚也故成王中立而聽
朝則四聖維之是以慮無失計而舉無過
事殷周之所以長久者以其輔翼天子有
此具也及秦而不然其俗固非貴辭讓也
所尚者告訐也固非貴禮義也所尚者刑
罰也故趙高傅胡亥而教之獄所習者非
斬劓人則夷人之族也故今日即位而明
日射人忠諫者謂之誹謗深計者謂之妖
言其視殺人若刈草菅然豈胡亥之性惡

哉其所習道之者非其理故也存亡之變治亂之機其要盡在是矣天下之命縣於太子太子之善在於蚤諭教與選左右夫胡越之人生而同聲嗜慾不異及其長而成俗也絫數譯而不能相通臣故曰選左右蚤諭教冣急夫教得則左右正左右正則太子正太子正而天下定矣書曰一人有慶兆民賴之記曰一有元良萬邦以貞賈生之言未及於教孝也然於愛敬之義則近矣

右經第二章　凡五十二字　小傳七百八十二字

大傳第二

子曰立愛自親始教民睦也立敬自長始教民順也教以慈睦而民貴有親教以敬長而

民貴用命孝以事親順以聽命錯諸天下無所不行

商書曰立愛惟親立敬惟長始於家邦終於四海此愛敬之始教也記曰致愛則存致慤則著著存不忘乎心此愛敬之本事也聖人而以性教天下則合愛敬何以矣愛敬者禮樂之所從出也以禮樂導民民有不知其源以愛敬導民民乃不沿其流故愛敬者德教之本也合愛敬而談德教是覇主之術非明王之務也

孟子曰人之所不學而能者其良能也所不慮而知者其良知也孩提之童無不知愛其親也及其長也無不知敬其兄也親親仁也

敬長義也無它達之天下也

仁義者德教之目也德教者敬愛之目也語其目則有仁義禮智慈惠忠信恭儉語其本則曰愛敬而已天有五行著於星辰而日月爲之本日是生敬月是生愛敬愛者天地所爲日月也治天下而不以愛敬猶舍日月而行於晝夜也

然則孩提之童有稍長而不知愛敬者何也曰其習也非性也其所養之者非道也賈生曰春秋之元詩之關雎禮之冠婚易之乾坤皆愼始敬終云耳素成謹爲子孫婚嫁必擇孝悌世世有行義者如是則其子孫慈孝無淫暴不善故曰鳳凰生而有仁義之意虎狼生而有貪戾之心兩者不等各以其母嗚呼戒之哉無養乳虎將傷天下故曰素成胎教之道青史之記曰古者胎教之道王后有身之七月而就蔞室

太師持銅而御戶左太宰持斗而御戶右太卜持蓍龜而御堂下諸官皆以其職御於門內此三月者王后所求聲音非禮樂則太師撫樂而稱不習所求滋味非正味則太宰荷斗而不敢煎調太子生而泣太師吹銅曰聲中某律太宰口滋味上某太卜曰命云某然後爲王太子懸弧者東方之弧以梧梧者東方之草春木也其牲以雞雞者東方之牲也南方之弧以柳柳者南方之草夏木也其牲以狗狗者南方之牲也中央之弧以桑桑者中央之木也其牲以牛牛者中央之牲也西方之弧以棘棘者西方之草秋木也其牲以羊羊者西方之牲也北方之弧以棗棗者北方之草冬木也其牲以彘彘者北方之牲也五弧五分矢四方皆三射四弧具餘各二分矢懸諸國四通門之左中央之弧亦餘二矢懸諸社稷門之左然後卜王太子名上毋

取於天下毋取於名山通谷毋悖於鄉俗是故君子名難知而易諱也此所以養息之道也周后妃姙成王立而不跛坐而不差笑而不誼獨處而不倨雖怒而不詈胎教之謂也成王生仁者養之孝者襁之四賢傍之成王有知而前有與計後有與慮也是則可謂豫爲愛敬之至矣故曰知所以爲人子而後知所以爲人父也知所以爲人弟而後知所以爲人兄也知所以爲人臣而後知所以爲人君也射者各射已之鵠亦本於此也故不知教之義者則亦不可以立性矣

孟子曰愛人不親反其仁治人不治反其智禮人不答反其敬行有不得者皆反求諸已其身正而天下歸之

孟子曰君子之所以異於人者以其存心也君子以仁存心以禮存心仁者愛人有禮者敬人愛人者人恒愛之敬人者人恒敬之有人於此其待我以横逆君子必自反也曰我必不仁自反而仁矣其横逆猶是也君子必自反也曰我必無禮也自反而有禮矣其横逆猶是也曰我必不忠是故君子有終身之憂無一朝之患也乃若所憂則有之舜人也我亦人也舜爲法於天下可傳於後世我猶未免爲鄉人也是則可憂也憂之如何如舜而已矣夫舜非敬愛其親不惡慢天下而能使天下愛敬之如此乎

孟子曰天下大悅而將歸己視天下悅而歸己猶草芥也惟舜爲然不得乎親不可以爲

人不順乎親不可以爲子舜盡事親之道而瞽瞍底豫瞽瞍底豫而天下化瞽瞍底豫而天下之爲父子者定

古之以孝德而王天下者莫舜若也舜之愛敬盡於事親而德教加於百姓刑於四海自愛敬而外舜亦無所事也曰以吾之愛敬萃萬國之懽心若此而已

修政之記曰帝舜曰吾盡吾敬以事吾上故見爲忠焉吾盡吾敬以接吾敵故見爲信焉吾盡吾敬以使吾下故見爲愛焉是以見愛親於天下之民而見貴信於天下之君故吾

取之以敬也吾得之以敬也

愛者敬之情也敬者愛之志也非志無情非敬無愛故以一敬而教忠教順教仁教讓是文王之學之所從出也詩云穆穆文王於緝熙敬止子曰爲人君止於仁爲人臣止於敬爲人父止於慈爲人子止於孝與國人交止於信文王之五止則自敬始也文王爲世子朝于王季日三雞初鳴而衣服至於寢門之外問內豎曰今日安否內豎曰安文王乃喜日中至如之日莫至亦如之有不安節內豎以告文王色憂行不能正履王季復膳然後復初食上必在寒煖之節食下問所膳命膳宰曰未原應諾然後退文王之卑服田功懷保小民惠鮮鰥寡亦猶此志也文王以其敬而爲人君故見爲仁焉以其敬而爲人父故見爲慈焉以其敬而接國人故見爲信焉故文

王者得大舜之志者也然則孝經之稱周公不稱大舜何也曰舜君道也天道也周公臣道也子道也弟道也周公於臣弟益二焉故尊舜而親周公然則舜之饗宗廟係子孫何也曰郊廟異義國天下異制以聖人視之法於天下垂於後世與郊文傳子者蓋未有以異也故文王者得大舜之志周公者得大舜之事也

子言之君子之所謂義者貴賤皆有事於天下天子親耕粢盛秬鬯以事上帝故諸侯勤以輔事天子

然則天子親耕粢盛亦自舜始與曰郊禘之義皆不自舜始也耕藉視學蓋亦猶是矣凡惡慢之生皆生於無事有事而後愛敬生愛敬之始事爲天子耕藉田王后織

玄紞夫婦有事以致孝於天地宗廟及其終事諸侯大夫合愛合敬以薦功天子於是有朝聘燕享貴貴老老長長幼幼之務故言愛敬之典者必始於耕藉中於齒冑終於養老詩曰假以溢我我其收之駿惠我文王曾孫篤之是孝經之行事與春秋俱始也

昔者天子為藉田千畝冕而朱紘躬秉耒諸侯為藉百畝冕而青紘躬秉耒以事天地山川社稷先古以為醴酪粢盛於是乎取之敬之至也

天子耕其籍田三推一墢諸侯而下以次加等庶人終之自是天子不敢五穀不多

取田賦不惡慢胼胝之士謂是天地山川社稷先古之手澤力食存焉耳

昔者天子諸侯必有養獸之官及歲時齊戒沐浴而躬朝之犧牷祭牲必於是取之君召牛納而視之擇毛而卜之吉然後養之君皮弁素積朔月半巡牲所以致力孝之至也

天子諸侯皆躬視牲巡擇卜吉自是天子不濫取禽獸知萬物嘉惡登秏不惡慢川虞林麓之士謂是天地山川社稷先古之歆享孳育存焉耳

昔者天子諸侯必有公桑蠶室近川而爲之築宮仞有三尺棘牆而外閉之大昕之朝君

皮弁素積卜三宮夫人世婦之吉者入蠶室奉種浴于川桑于公桑風戾以食之歲單世婦卒蠶奉繭以告于君遂獻繭于夫人夫人副褘受之少牢以禮之及良日夫人繅三盆手遂布于三宮夫人世婦之吉者使繅遂朱綠玄黃之以爲黼黻文章服既成君服以祀先王先公敬之至也

王后夫人皆躬蠶桑紝織紘綖以供祭服自是天子知杼軸艱難女紅勞勩不敢惡愓韋布麻枲之士謂是天地山川社稷先古之服物章釆存焉耳

卜郊受命於祖廟作龜於禰宮尊祖親考之義也卜之日王立於澤親聽誓命受教諫之義也郊之祭也喪者不敢哭凶服者不敢入國門敬之至也

天子以天事其親諸侯不敢祖天子大夫不敢祖諸侯恐有踰等以惡慢其上天子又推天親之意以敬禮其諸侯大夫曰是皆天之所生親之所命者因之以爲燕享勞與故自庶人而上亦皆有享帝親之意是分天子之慶譽者也

祭之日君牽牲穆答君卿大夫序從既入廟門麗于碑卿大夫袒而毛牛尚耳鸞刀以刲

取膟膋乃退爓祭祭腥而退敬之至也

天子致愛其親則致敬於物親射牲袒割詩曰維羊維牛維天其右之文曰自堂徂基自羊徂牛鼐鼎及鼒夫以爲牛羊則何貴之有以謂是天子所躬射袒割迎禮而致之則是其愛敬也至矣詩曰執其鸞刀以啓其毛取其血膋是非獨卿大夫之事也蓋自是天子而下庶民而上無有惡慢及於禽獸者

天子巡狩諸侯待于竟天子先見百年者八十九十者東行西行者弗敢過西行東行者弗敢過欲言政者君就之可也

天子愛親則愛其近於親者敬親則敬其近於親者耄悼不刑七十而上有過則微

矣雖多忘則亦聞知矣且其子姓多在也天子而有惡慢不使老者見之益自是諸侯卿大夫無有惡慢及於煢寡者

天子設四學當入學而太子齒食三老五更於太學天子袒而割牲執醬而饋執爵而酳冕而摠干立於舞位

天子謂不逮養其親也而養三老五更曰使天下皆養其親則是天子之養其親也天子既養其老則太子必齒其胄齒胄者更老之始也詩曰維桑與梓必恭敬止靡瞻非父靡依非母是之謂也

凡三王養老皆引年八十者一子不從政九

十者其家不從政瞽亦如之凡父母在子雖老不坐有虞氏養國老于上庠養庶老于下庠夏后氏養國老于東序養庶老于西序殷人養國老于右學養庶老于左學周人養國老于東膠養庶老于虞庠虞庠在國之西郊

國老庶老皆老也文王善養天下皆歸之謂其有敬愛之實焉武王數紂之罪曰力行無度播棄黎老謂其有惡慢之實焉惡慢及於一人則怨惆起於百姓微子曰乃罔畏畏咈其耇長殷周之間治亂之所繇分也可不慎乎

昔者有虞氏貴德而尚齒夏后氏貴爵而尚

齒殷人貴富而尚齒周人貴親而尚齒虞夏殷周天下之盛王也未有遺年者年之貴乎天下久矣次乎事親者也

天子而致力於事親則舍養老何舉乎天子負扆而立先朝之公卿則多耄年者矣其大夫士則多耆艾者也而天子以惡慢獨聞將敬其所敬而愛其所愛則先世之臣無有存者入廟慊然何以事其親大雅之終篇曰嗚呼哀哉維今之人不尚有舊

凡養老五帝憲三王有乞言五帝憲養氣體而不乞言有善則記之爲惇史三王亦憲既養老而後乞言亦微其禮皆有惇史

乞言之禮微謂不敢以煩長者也不敢以煩長者而猶且乞之敬之至也霸者之乞言猶曰毋使吾君得罪於羣臣百姓而況於王者乎詩曰雖無老成人尚有典刑板之詩曰匪我言耄爾用憂謔周書曰法人維重老重老維寶

曾子曰孝子之養老也樂其心不違其志樂其耳目安其寢處以其飲食忠養之孝子之身終是故父母之所愛亦愛之父母之所敬亦敬之至于犬馬盡然而況人乎

養老之於養親一也中庸曰敬其所尊愛其所親事死如事生事亡如事存孝之至也夫父母所敬愛敬愛之其不可敬愛如之何曰不敢惡慢焉巳矣曾子曰可人也

吾任其過不可人也吾辭其甗文曰父毋勿將爲善思貽父毋令名必果將爲不善思貽父毋羞辱必不果孝子之愛敬亦貽親以令也焉有不令而貽其親者乎詩曰媚茲一人應侯順德永言孝思昭哉嗣服

右傳十六則大傳一千八十六字小傳二千五百九十字

諸侯章第三

在上不驕高而不危制節謹度滿而不溢高而不危所以長守貴也滿而不溢所以長守富也富貴不離其身然後能保其社稷而和其人民蓋諸侯之孝也

諸侯受命于天子天子受命於天故天子之於天諸侯之於天子其事之皆如子之事親也周頌曰來見辟王曰求厥章言其制度出於天子非諸侯所得自與也夫以天子不敢惡慢於人以諸侯而驕溢則骩適隨之矣諸侯之有耕籍蠶桑泮宮庠序宗廟社稷人民道皆倅於天子其稍殺者謹節之耳諸侯而不謹節猶支庶子之僭濫於父祖也商頌曰不僭不濫不敢怠遑是則庶乎可言愛敬者矣

詩云戰戰兢兢如臨深淵如履薄冰

甚矣諸侯之危也為人子而負驕寵又遠於膝下則其危也不亦亟乎故臨淵履薄者諸侯之學無以異於曾氏之學也曾子曰殺六畜不當及其親吾信之矣使民不以時失國吾信之矣殺六畜不當及親則是世無可殺者也使民不以時失國則是

世無可使者也刀鋸不敢加於六畜鞭朴不敢加於徒役則是無以國也無以國而猶得保和之業謂是天子之所宥也商頌曰歲事來辟勿予禍適稼穡非懈是之謂也

右經第三章凡七十四字　小傳三百一十五字

大傳第三

諸侯之於天子也比年一小聘三年一大聘五年一朝天子五年一巡守歲二月東巡守至於岱宗柴而望祀山川覲諸侯問百年者就見之命太師陳詩以觀民風命市納賈以

觀民之好惡志淫好辟命典禮考時月定日
同律量禮樂制度衣服以正之山川神祇有
不舉者爲不敬不敬者君削以地宗廟有不
順者爲不孝不孝者君絀以爵變禮易樂者
爲不從不從者君流革制度衣服者爲畔畔
者君討有功德於民者加地進律五月南巡
守至於南嶽如東巡守之禮八月西巡守至
於西嶽如南巡守之禮十有一月北巡守至
於北嶽如西巡守之禮歸假於祖廟用特

不敬不孝不順天子所以致諸侯之討也天子五年一巡守諸侯將修其文以益其實或善事天子之左右內交於隣國則天子如之何曰其文之弊不勝其質之著也其君有驕志者則必有驕色有溢志者必有溢態驕志溢態達於面目見於其左右近習著於田疇城郭雖十襲之固莫掩也且其權度衡量貢賦章物先告之矣而又有旱乾水溢勤民不勤民之務著於謳謌別於獄訟其社稷宗廟寶載以白於天子故諸侯莫之掩也且使其可以文著則亦與爲文焉耳文質之間天子所自反也須曰無封靡于爾邦維王其崇之康誥曰往盡乃心無康好逸豫是則天子所自爲愛敬也天子自爲愛敬而諸侯敢於驕溢未之有也

天子將出類乎上帝宜乎社造乎禰諸侯將

出宜于社造于禰孔子曰諸侯適天子必告

于祖奠于禰冕而出視朝命祝史告于社稷

宗廟山川乃命國家五官而後行道而出告

者五日而徧過是非禮也凡告用牲幣反亦

如之諸侯相見必告于禰朝服而出視朝命

祝史告于五廟所過山川亦命國家五官道

而出反必親告于祖禰乃命祝史告至于前

所告者而後聽朝而入

諸侯無故不出疆謂有宗廟社稷之世守存焉朝于天子與諸侯相見則既有辭矣

觀魚觀社會婦人則何以命之爲祝史者不已難乎然則魯之祝史無有執者何也曰終春秋之世兩如京師皆非正朝也而諸侯盟會歲或四五所過山川亦曰予知之矣愛其所愛敬其所敬愛非其所親敬非其所尊天子不得而慶讓之也春秋書公至自外者五十有九始于唐中扵戚終扵黃池傷扵柤危扵成襃扵耶其未至也未嘗不汲汲之其至也未嘗不幾喜之謂其出而無可告扵天子反而不可告扵祖禰也且使其五官疲焉不知所從事則亦爲天子失柄者之過矣

天子賜諸侯樂則以柷將之賜伯子男樂則以鼗將之諸侯賜弓矢然後征賜鈇鉞然後殺賜圭瓚然後爲鬯未賜圭瓚則資鬯扵天

子天子命之教然後爲學小學在公宮南之
左大學在郊天子曰辟廱諸侯曰頖宮
頖宮之禮有以異於辟雍乎曰其釋奠於
先老老師齒胄弦誦合語合樂養老養幼
一也而憲乞異典矣詩曰載色載咲匪怒
伊教又曰無小無大從公于邁是頖宮慈
而辟雍嚴也諸侯之於天子亦猶毋之於
父也將命以柷以鼗何也柷終也鼗始也
分天子之養敬爲四海之終始或曰柷從
重節制之義也鼗從輕鼓舞之意也
天子諸侯無事則歲三田一爲乾豆二爲賓
客三爲充君之庖無事而不田曰不敬田不
以禮曰暴天物天子不合圍諸侯不掩羣天

◎

子殺則下大綏諸侯殺則下小綏大夫殺則

止佐車佐車止則百姓田獵

諸侯無故不殺牛大夫無故不殺羊士無故不殺犬豕庶人無故不食珍凡所防人之驕危也一歲三田以習戎事軍賓吉凶四禮合舉則在於田也田以教而禦禁教自四學而外三田為大訊馘之告於學則辟類同義也

子曰道千乘之國敬事而信節用而愛人使民以時

其事則天子之事其用則宗廟社稷山川之用其人民則猶先君之人民也而諸侯無創焉夫稱南面而常若子姓者其惟諸侯乎孟子曰諸侯危社稷則變置犧牲既

成粢盛既絜祭祀以時然而旱乾水溢則變置社稷遺老失賢掊克在位雖成犧牲絜粢盛無以辭於水旱而獨以水旱咎之社稷何也曰是猶子之事親也無所致於怨怒而遠其居室變其飲食是亦一道也則甚矣爲諸侯之危也以社稷事君又以社稷事天非極其愛敬而能保有此乎孟子曰諸侯之寶三土地人民政事寶珠玉者殃必及身土地人民政事則天子先君之遺也珠玉則非天子先君之遺也雖遺之而愛敬之義不在也故曰君子之所異於人者以其存心也君子以仁存心以禮存心仁者愛人有禮者敬人是亦天子之志也詩曰維其有章矣是以有慶矣是亦孝子之事也

孟子曰仁則榮不仁則辱今惡辱而居不仁是猶惡濕而居下也如惡之莫如貴德而尊士賢者在位能者在職國家閒暇及

是時明其政刑雖大國必畏之矣貴德尊士謂不惡慢於人者也不惡慢於人而後能尊賢而後能使能孝經之義未至於官人也以謂不愛不敬雖官人而有惡慢者存焉非仁人而能愛敬如此乎

孟子曰萬乘之國弒其君者必千乘之家千乘之國弒其君者必百乘之家萬取千焉千取百焉不爲不多矣苟爲後義而先利不奪不饜未有仁而遺其親者也未有義而後其君者也仁者愛之質也義者敬之質也重仁義而輕富貴則愛敬之心殷重富貴而輕仁義則弒逆之亂著矣然則富貴不離其身何謂也曰身者父母之身也諸侯之富貴則其父母之仁也以父母之仁仁父母之身於諸侯奚有焉故不驕不溢君子之所貴也

子曰貧而好樂富而好禮衆而以寧者天下

其幾矣詩云民之貪亂寧爲荼毒故制國不過千乘都城不過百雉家富不過百乘以此坊民諸侯猶有畔者

天下之畔亂則皆富貴之過也見夫茹蔬躡蹻而與篡弑者凡幾哉富貴而後驕溢驕溢而後壞坊子曰丘也聞有國有家者不患寡而患不均不患貧而患不安蓋均無貧和無寡安無傾故和順者國家之福也書曰和恆四方民居師和恆則愛敬愛敬而時雍之化可冀也

子曰天無二日民無二王家無二主尊無二上示民有君臣之別也春秋不稱楚越之王

衰禮君不稱天大夫不稱君恐民之惑也

爲諸侯而僭天子爲大夫而僭諸侯惡慢長而愛敬衰易曰履霜堅氷至子曰臣弑其君子弑其父非一朝一夕之故其所繇來者漸矣繇辨之不蚤辨也蚤辨之非大順而能之乎易初爲元士二爲大夫三爲諸侯日大昕爲大夫食時爲諸侯日中爲天子古之仁人孝子則必有辨於此者矣

子曰下之事上也雖有庇民之大德不敢有君民之心仁之厚也是故君子恭儉以求役仁信讓以求役禮不自尚其事不自尊其身儉於位而寡於欲讓於賢卑巳而尊人小心

而畏義求以事君得之自是不得自是以聽天命詩云莫莫葛藟施于條枚豈弟君子求福不回其舜禹文王周公之謂與有君民之大德有事君之小心

舜禹文王周公則可以爲孝矣如舜禹文王周公之孝則可爲諸侯師矣皇矣之詩曰維此四國爰究爰度上帝耆之增其式廓夫上帝之選予甚於天子諸侯之選予也而謂諸侯可以不學者已乎

右傳八則大傳七百八十三字小傳一千五百四十八字

卿大夫章第四

非先王之法服不敢服非先王之法言不敢道

非先王之德行不敢行

服者言行之先見者也未聽其言未察其行見其服而其志可知也仁人孝子一舉足不忘父母一發言不忘父母繇父母而師先王故有父之親有君之尊有師之嚴雖不言法而法見焉孟子曰子服堯之服誦堯之言行堯之行是堯而已矣子服桀之服誦桀之言行桀之行是桀而已矣夫非先王之車服言行而敢服之不疑非桀紂而敢如此乎詩曰心之憂矣於我歸說

是故非法不言非道不行口無擇言身無擇行

言滿天下無口過行滿天下無怨惡二者備矣

然後能守其宗廟蓋卿大夫之孝也

言而後世法之曰法行而天下繇之曰道孟子曰舜爲法於天下可傳於後世夫豈有它曰孝而已孝子終日言不在尤之中終日行亦不在悔之中也子曰言寡尤行寡悔祿在其中矣無它愼之也詩曰豈弟君子干祿豈弟蓋其愼也易曰言行君子之所以動天地也可不愼乎

詩云夙夜匪解以事一人

卿大夫之事天子亦猶之事其親也而尊嚴倍之矣諸侯處優而卿大夫處劇公侯之得失邦國之治不治天子不責於諸侯而責於卿大夫故卿大夫之愛敬合於天下而後致於天子非仲山甫則未可語此也

右經第四章凡八十七字小傳三百三十三字

大傳第四

子曰君子之道四丘未能一焉所求乎子以事父未能也所求乎臣以事君未能也所求乎弟以事兄未能也所求乎朋友先施之未能也庸德之行庸言之謹有所不足不敢不勉有餘不敢盡言顧行行顧言君子胡不慥慥爾

甚矣仁人孝子之多所不敢也行孝而不敢言孝則不敢言人之不孝者行仁而不

敢言仁則不敢言人之不仁者然則君子皆無所敢敢乎曰敢敢於爲仁孝而已身爲之而口不復言之故少過於己而寡怨於人然則伯夷叔齊之言行不及泰伯仲雍與曰其仁孝則一也天下之於夷齊何惡之有詩曰在彼無惡在此無斁庶幾夙夜以永終譽夷齊之謂也夫夷齊而有不顧之言行者乎雖無宗廟不毀其身

子曰仁之難成久矣惟君子能之君子不以所能者病人不以人所不能者愧人是故聖人之制行也不制以己使民有所勸勉愧恥以行其言是故君子服其服則文以君子之容有其容則文以君子之辭遂其辭則實以

君子之德君子恥服其服而無其容恥有其容而無其辭恥有其辭而無其德恥有其德而無其行

夫是則有恥矣可以言孝乎有恥而不可言孝則是孝者負恥也子貢曰不學其貌竟其德敎其言於人也無所不信其橋大人也常以皓皓是以眉壽是曾參之行也夫曾子壹至於此乎天下有道則卿大夫之選也

子曰長民者衣服不貳從容有常以齊其民則民德壹詩云彼都人士狐裘黃黃其容不改出言有章行歸于周萬民所望子曰爲上

可望而知也爲下可述而志也則君不疑於臣臣不惑於其君伊誥曰惟尹躬及湯咸有一德

夫是則有恆矣可以言孝乎有恆而不可言孝則是孝無恆也易曰風自火出家人君子以言有物而行有恆仁人孝子不過乎物則是有恆之物也子貢曰夙興夜寐諷誦崇禮行不貳過稱言不苟是顏淵之行也在貧如客使其臣如藉不遷怒不探怨不錄舊罪是冉雍之行也夫顏冉之行壹至於此乎天下有道則卿大夫之選也

子曰王言如絲其出如綸王言如綸其出如綍故大人不倡游言可言也不可行君子弗

言也可行也不可言君子弗行也則民言不危行而行不危言矣詩云淑慎爾止不諐于儀

夫是則淑慎矣可以言孝乎而見夫孝不淑慎者乎人臣而爲王者之言傳之百世行之四方禮樂以成兵戎以興上下相危則亂亂難平詩曰肅肅王命仲山甫將之邦國若否仲山甫明之子貢曰學以深厲以斷送迎必敬上交下交銀手如斷是卜商之行也夫卜商則亦從事扵此矣使之執筆故其德可頌也夫謂孝子之言唱游者乎

子曰苟有車必見其軾苟有衣必見其敝人

苟或言之必聞其聲苟或行之必見其成

夫是則庶庶乎无妄矣无妄可以言孝乎而見夫孝子多妄者乎虞書曰敷奏以言明庶以功車服以庸言功車服相猶而生所謂法也子貢曰先成其慮及事而用之是故不忘子言之欲能則學欲知則問欲善則訊欲給則豫是言偃之行也此五君子者聖門所謂孝子也壹未遇明主也

子曰言從而行之則言不可飾也行從而言之則行不可飾也故君子寡言而行以成其信則民不得大其美而小其惡詩曰允矣君子展也大成

夫是則庶乎成信矣成信可以言孝乎夫
道至於成信而止矣子言之畏天而敬人
服義而行信孝乎父而恭乎兄好從善而
斅往蓋趙文子之行也其事君也不敢愛
其死然亦不亡其身謀其身不遺其交陳
則進不陳則退蓋隨武子之行也其爲人
之淵泉也多聞而難誕也不內辭足以歿
世國有道其言足以生國無道其默足以
成蓋桐提伯華之行也是三君子者則嘗
爲卿士大夫矣孝經之義未至於退默也
而隨會伯華皆有之蓋猶之不毀傷之志
也是聖人之所貴也

曾子曰君子博學而孱守之微言而篤行之
行必先人言必後人君子終身守此悒悒行
無求數有名事無求數有成身言之後人揚

之身行之後人秉之君子終身守此憚憚君子不絕小不殄微也行自微也不微人人知之則願也人不知奇吾自知也君子終身守此勿勿君子見利思辱見惡思詬嗜慾思耻忿怒思患君子終身守此戰戰

君子有此四守者以守其宗廟則保家之令主也使已無微過則易使人無微過則難身免於患而後可以圖國家之憂子言之外寬而內直自設於隱栝之中直已而不直人以善存亡汲汲蓋蘧伯玉之行也蘧伯玉未至於爲治也然亦可以爲孝矣

曾子曰君子慮勝氣思而後動論而後行行

必思言之言必思復之復之必思無悔亦可謂慎矣人信其言從之以行人信其行從之以復復宜其顛顛宜其年亦可謂内外合矣

君子之言信於家則行信於國家國之言行各以類合易曰父父子子兄兄弟弟夫夫婦婦詩曰其類維何室家之壼君子萬年永錫祚胤是衛武公之行也衛武公爲周卿士九十矣而猶以言自抑子貢曰獨居思仁公言言義三復白圭是南宮縚之行也夫子信其仁以爲異姓則謂南宮縚錫類者乎

曾子曰君子巳善亦樂人之善也巳能亦樂人之能也巳雖不能亦不以援人君子好人

之爲善而弗趣也惡人之爲不善而弗疾也君子不先人以惡不疑人以不信不說人之過成人之美義則有常善則有隣苟有德焉不求盈於人君子不絕人之歡不盡人之禮來者不豫往者不愼去之不謗就之不賂亦可謂忠矣君子恭而不難安而不舒遜而不諂寬而不縱惠而不儉直而不徑亦可謂知矣

君子不如是則其言行有擇有擇則有過有過則怨惡莫之免也夫其爲道巳多矣

爲忠莫如恕爲知莫如愼能恕以愼又何
多救之有乎子貢曰高柴執親之喪夫子
以爲難能也開蟄不殺則天道也方長不
折則恕也恕則仁也湯敬以恕故曰躋夫
有日躋之君子以爲公卿不亦可乎
曾子曰君子亂言弗殖神言弗致也衆信弗
主靈言弗與人言不信不和不唱流言不折
辭不陳人以所能言必有主行必有法親人
必有方多知而無親博學而無方好多而無
定者君子弗與也君子多知而擇焉博學而
算焉多言而愼焉博學而無行進給而不讓

好直而徑儉而好偟者君子弗與也夸而無恥彊而無憚好勇而恐人者君子弗與也亟達而無守好名而無體忿怒而爲惡足恭而口聖而無常位巧言令色能小行而篤君子弗與也

夫是則君子多所弗與者矣多所弗與而免於怨惡者何也多與則多累多累則多亂言行滿於天下尤悔亦滿於天下君子有擇於人而後無擇於身詩曰薄汚我私薄澣我衣害澣害否蓋言擇也采采芣苢薄言采之采采芣苢薄言有之言無擇也甫刑曰敬忌而罔有擇言在躬夫非仲山甫衛武公而能如此乎如仲山甫衛武公

之爲卿士則可與言孝者矣

右傳十則大傳九百八十一字
小傳一千二百五十三字

士章第五

資扵事父以事君而敬同故母取其愛而君取其敬兼之者父也故以孝事君則忠以敬事長則順忠順不失以事其上然後能保其祿位而守其祭祀蓋士之孝也

父則天也母則地也君則日也受氣扵天受形扵地取精扵日此三者人之所繇生

也地亦受氣於天日亦取精於天此二者人之所原始反本也故事君事母皆資於父履地就日皆資於天二資者學問所繇始也子曰孝於仁者薄於義親而不尊孝於義者薄於仁尊而不親母親而不尊君尊而不親以父教愛而親母之愛及於天下以父教敬而尊君之敬及於天下故父者人之師也教愛教敬教忠教順皆於父焉取之因父以及師因師以及長愛敬忠順不出於家而行著於天下周公曰文王我師也周公豈欺我哉

詩云夙興夜寐無忝爾所生

蓋言學也孝不待學而非學則無以孝無以孝亦無以教也記曰發慮憲求善良足以謏聞不足以動衆就賢體遠足以動衆未足以化民君子如欲化民成俗其必繇

學乎夙興夜寐蓋言學也非學爲從政而已也

右經第五章 凡八十四字 小傳二百八十三字

大傳第五

記曰爲人子者三賜不及車馬故州閭鄉黨稱其孝也兄弟親戚稱其慈也僚友稱其弟也執友稱其仁也交游稱其信也見父之執不謂之進不敢進不謂之退不敢退不問不敢對此孝子之行也

凡昏冠之禮皆始於士故資愛資敬則士其始也爲士者其莊矣而有油油之心焉

守親之業拜君之賜六行之中無取於義故獨以慈弟仁信聞

國君下齊牛式宗廟大夫士下公門式路馬乘路馬必朝服載鞭策不敢授綏左必式步路馬必中道以足蹙路馬芻有誅齒路馬有誅

大夫士有同禮者而士加謹矣故大夫禮毖於卿士毖於大夫然則乘路馬何禮也謂五路之御也御必皆士矣朝服載鞭不敢授綏如其君在也如其君在則如其父在也蹴芻齒馬之有誅何也不敗君事者也敗君事者雖貴而猶誅之況路馬乎然且士未之敢也士必有其父士必有其兄士必有其大夫卿魯人之謚曰洫洫乎湫

乎攸乎深慮而淺謀邇身而遠志家臣而
君圖是南蒯氏之行也

凡執主器執輕如不克執主器操幣圭璧則尚左手行不舉足車輪曳踵立則磬折垂佩主佩倚則臣佩垂主佩垂則臣佩委

執器者不皆士也而士從此知學矣是猶
之跪欆栩袂之禮也然而已進矣晏子曰
堂上之禮君行一則臣行二凡敬皆倍也
不倍不順是晏平仲之行也

君使士射不能則辭以疾言曰某有負薪之憂侍於君子不顧問而對非禮也

士之始選於澤宮皆射也而曰不能何也
負薪之憂肩臂之疾也疾可以見於君而

不可以先長者父母之憂則君亦憂之故辭非飾也所以廣孝也

君子行禮不求變俗祭祀之禮居喪之服哭泣之位皆如其國之故謹脩其法而審行之

謂有先君卿大夫之治焉謂有宗老家相之事焉是猶之負劍辟咡之禮也然而已進矣然則禮失之俗如之何曰變則不正正則不變變而正之是滕世子之行也

去國三世爵祿有列於朝出入有詔於國若兄弟宗族猶存則反告於宗後去國三世爵祿無列於朝出入無詔於國惟興之日從新國之法

若是者何不忘親也不忘先也不保祿位
不守祭祀而猶有保祿位守祭祀之思焉
道興而猶未忘廢也道廢而猶未忘興也
詩曰無逝我梁無發我笱亦資敬之意也

君子已孤不更名已孤暴貴不爲父作謚

已孤則愛篤已貴則敬篤也已之名命於
親父之名易於君士而可以顯親雖韋布
猶之顯親也士而不可以顯親雖鍾鼎無
以殉死者然則上祀追王何也曰是王者
之禮也王者繼嗣不得用開創者之禮故
有身爲王者不禰其父者矣而況於士乎
而況於暴貴者乎然則身爲王者不禰其
父禮乎曰已過於禮也然有禮意存焉

君子將營宮室宗廟爲先廐庫爲次居室爲

後凡家造祭器爲先犧賦爲次養器爲後無

田祿者不設祭器有田祿者先爲祭服君子雖貧不粥祭器雖寒不衣祭服爲宮室不斬於丘木

國君去其國止之曰奈何去社稷也大夫曰奈何去宗廟也士曰奈何去墳墓也國君死社稷大夫死衆士死制故爲國君愛敬其社稷爲大夫愛敬其宗廟爲士愛敬其墳墓則災害不生而禍亂不作矣然則士値危國如之何曰忠順不失未至於死亡也未至於死亡何失忠順之有孟子曰無罪而殺士則大夫可以去無罪而戮民則士可以徙士患失其忠順不患其失祿位士患失其祿位則不足以爲士矣

大夫士去國祭器不踰竟大夫寓祭器於大

夫士寓祭器扵士大夫去國踰竟爲壇位鄉國而哭素衣素裳素冠徹緣鞮屨素簚乘髦馬不蚤鬋不祭食不說人以無罪婦人不當御三月而後復

若是乎喪祿位失祭祀之重也故保祿位守祭祀亦聖人之所貴也孟子曰士之失位也猶諸侯之失國家也禮曰諸侯耕助以供粢盛夫人蠶繅以爲衣服犧牲不成粢盛不潔衣服不備不敢以祭惟士無田則亦不祭牲殺器皿衣服不備不敢以祭則不敢以宴不亦足弔乎是亦父母之所弔也

天子視不上扵袷不下扵帶國君綏視大夫

衡視士視五步凡視上於面則敖下於帶則憂傾則姦

單襄公曰目以處義足以步目目體不相從何以能久故視者精神之沛也愛敬存於中則姦傲去於面矣黃目彝之貴者也使衡而綏照於五步之內故以坐則知起問則知對酬則知酢也是士爲公尸神而明之之道也

君命大夫與士肄在官言官在府言府在庫言庫在朝言朝朝言不及犬馬輟朝而顧不有異事必有異慮故輟朝而顧君子謂之固在朝言禮問禮對以禮

、固者不足以語禮故亦謂之瞽也士與大夫肆則讓於大夫與卿肆則讓於卿愛敬之繇猶近於不學慮者也而何異慮之有乎

凡士相見贄冬用雉夏用腒左脰奉之以价請見主人凡三辭見三辭贄不獲乃見之既見賓交拜送贄出賓再燕見主人三還贄曰既得見矣不獲乃受之士見於大夫終辭其贄於其入也一拜其辱也賓退送再拜若常爲臣者則禮辭其贄曰某也辭不得命不敢固辭賓入奠贄再拜主答一拜賓出凡三還

贄賓受而去之下大夫相見以鴈上大夫相見以羔其見於君也不還贄以彌歷爲慶

士相見之受贄爲還拜也見大夫之不受贄謂不還拜也受贄而不還拜唯君而已士以君事其大夫則已過然猶不失爲忠順也周霄問於孟子曰士出疆必載贄何也曰士之仕也猶農夫之耕也農夫豈爲出疆舍其耒耜哉曰晉國亦仕國也未聞仕如此其急仕如此其急也君子之難仕何也曰丈夫生而願爲之有室女子生而願爲之有家父母之心人皆有之不待父母之命媒妁之言鑽穴隙相窺踰墻相從則父母國人皆賤之矣古之人未嘗不欲仕也又惡不繇其道不繇其道而往者與鑽穴隙之類也體父母之意以道稱仕其惟儒者乎

子貢問士子曰行已有恥使於四方不辱君命可爲士矣敢問其次子曰宗族稱孝焉鄉黨稱弟焉

孝弟其猶有恥辱與其行已未篤與愛其身不辱其次兄守其宮庭不出四方得其始端而遺其中終是王祥劉殷之行也曰王劉之才及於四方矣而訾之何也曰是猶未免於恥辱也穎考叔之挾輈不如曹劌之反地也故遠於恥辱之難也

王子墊問曰士何事孟子曰尚志何謂尚志曰仁義而已矣殺一無罪非仁也非其有而取之非義也居惡在仁是也路惡在義是也

居仁繇義大人之事備矣

殺草木六畜非其時孝子不爲也食非仁人之粟孝子不爲也仁義之於孝弟非兩也以孝弟而爲仁義猶不惡慢之於愛敬也故曰堯舜之道孝弟而已矣

曾子曰君子不貴興道之士而貴有耻之士也若繇富貴興道者與貧賤吾恐其或失也若繇貧賤興道者與富貴吾恐其嬴驕也有耻之士富不以道則耻之貴不以道則耻之貧賤不以道則非吾耻也執仁與義而行之未篤故也夫婦會於墻陰明日或揚其言矣

胡爲其莫之聞也

甚矣曾子之言似夫子也與道之士柔行似仁強言似義多聞似傳斂機似約深息似靜鈎名似正與時好惡似忠似順然其意不過以爲富貴也而人主以爲與道使去其富貴而反於貧賤則一無恥之士而已無恥之士不足與於仁義則不足與於禮樂而曰以才與道吾不信也

子言之儒有難得而易祿也易祿而難畜也非時不見不亦難得乎非義不合不亦難畜乎先勞而後祿不亦易祿乎其近人有如此者

孝子不絕人亦不自絕也不求仕亦不逃名仁義之粟則受之言行可以自見則見矣惡慢人而食其食則孝子不爲也夫子之稱子羽也曰貴之不喜賤之不怒苟利於民廉於事上以佐其下獨富獨貴則必不爲也是澹臺滅明之行也

子言之儒有居處齊難坐起恭敬言必先信行必忠正道塗不爭險易之利冬夏不爭陰陽之和愛其死以有待也養其身以有爲也其備豫有如此者

養其親則敬其身敬其身則愛其死故道有不死於其名臣有不死於其君君以道死則死之不以道死則不死也中道而立當門而處雖有暴政不更其所是晏平仲

之行也

子言之儒有今人與居古人與稽今世行之後世以爲楷適弗逢世上弗援下弗推讒諂之民有比黨而危之者身可危也而志不可奪也雖危起居竟伸其志猶將不忘百姓之病也其憂思有如此者

危其身以伸其志孝子亦豈爲之乎立行之士不諧於時固其所也匹夫納溝瘠人所傷以身之危易百姓之病孝子猶且爲之曾子曰士不可以不弘毅任重而道遠仁以爲己任不亦重乎死而後已不亦遠乎是曾子之志也

子言之儒有內稱不辟親外舉不辟怨程功積事推賢而進達之不望其報君得其志苟利國家不求富貴其舉賢援能有如此者

若此則可謂敬愛者矣孝子事親就養無方忠臣事君就養無方以無方之賢就無方之養卿大夫之爲也士爲之則巳上然且有爲之者雖或比黨而危之不疑也是祁傒羊舌肸之行也曾子曰可以託六尺之孤可以寄百里之命臨大節而不可奪也天下有道則亦卿大夫之選也

子言之儒有澡身而浴德陳言而伏靜而正之上弗知也麤而翹之又不急爲也不臨深

而爲高不加少而爲多世治不輕世亂不沮同弗與異弗非也其特立獨行有如此者

若此則可謂忠順者矣以此之爲而猶爲祭祀祿位者乎儒行所言自立者五強學力行一也見死不更二也戴仁抱義三也雖危竟伸四也推賢忘報五也而陳伏靜正者猶爲特獨故聖人所言忠順非世之所謂忠順者也世之所爲忠順者猶貲愛[扌公]其保姆也

子言之儒有上不臣天子下不事諸侯慎靜而尚寬強毅以與人博學以知服近文章砥厲廉隅雖分國如錙銖不臣不仕其規爲有

如此者

不臣不事可以爲士亦可以爲孝子乎士有尊於諸侯士有貴於卿大夫立身行道則其自與也曾子曰宫中雍雍外焉肅肅朋友切切兄弟怡怡遠者以貌近者以情立其所能遠其所不能無失所守亦可以終身也孟子曰居仁繇義大人之事備矣夫孝子之於天下何不備之有孝子而必資祿以爲祭資位以爲祀則卿大夫而下無孝子也子言之德恭而行信終日言不在尤之內貧而樂卑而尊是老萊子之行也易行以俟命居下位不援其上觀於四方不忘其親苟思其親不盡其樂以不能學爲終身之憂是介山之推之行也故如介山之推則可以語學者矣

右傳二十則　大傳二千二百七十一字　小傳二千一百三十一字

◎

、庶人章第六

用天之道分地之利謹身節用以養父母此庶人之孝也

君子資扵天地得其尊親小人資扵天地得其樂利小人資其力君子資其志君子致其禮小人致其事其要扵敬養不敢毀傷則一也然則君子不言養小人不言敬何也顯親揚名則養也謹身節用則敬也君子之有廟祀小人之有畝澮大小殊致有身則一愛敬忠順與爲謹節何以異乎謹節則不傷不傷則不毀不傷不毀則言行皆滿扵天下言行皆滿扵天下則皆可配扵天地矣然則夫子與庶人微其詞何也曰庶人明扵人非明人者也則扵人非則人者也至德要道不之總也故此之此

之者微之也謂夫士君子而尚庶人之事者也庶人之於卿士猶諸侯之於天子也

故自天子至於庶人孝無終始而患不及者未之有也

不敢毀傷孝之始也立身顯親孝之終也謹身以事親則有始立身以事親則有終孝有終始則道著於天下行立於百世敬愛其身而惡慢終事小則毀傷其身大則毀傷天下曾子曰敵患繇生自纖纖也君子夙絕之夙絕之如何曰敬而已矣君子未有不敬而免於患者也

右經第六章　凡四十三字　小傳三百三十字

大傳第六

子云小人皆能養其親不敬何以辨父子不同位以尊敬也書云辟不辟忝厥祖

子不乘父父不乘祖所以着辨也子不忝父父不忝祖所以終始也不能立身不能率祖而曰能養小人之義也故無念爾祖聿修厥德者始孝之事夙興夜寐無忝爾所生者終孝之事也

曾子曰孝有三大孝不匱中孝用勞小孝用力博施備物可謂不匱矣尊仁安義可謂用勞矣慈愛忘勞可謂用力矣

尊仁安義何勞之有言夫爲仁義而不備物者也不備物則備力父母有憂之然而

無患人之患富貴有甚於患節力者也曾子曰仁者殆恭者不入愼者不使正直者邇於刑弗達則殆於罪君子錯在高山之上深澤之汙聚橡栗藜藿而食之生耕稼以老十室之邑夫其父之志也夫亦其子之志也夫

子游問孝子曰今之孝者是謂能養至於犬馬皆能有養不敬何以别乎

大祀之尚明水也大享之尚太羹也兩者非以爲養也君子之敬父母尊於天地明於日月道塞而反於隴畝亦猶有郊社之意焉馬之煦沫雖報不享又何傲焉曾子曰烹熟羶香嘗而進之非孝也養也

子夏問孝子曰色難有事弟子服其勞有酒

食先生饌曾是以爲孝乎

記曰孝子之有深愛者必有和氣有和氣者必有愉色有愉色者必有婉容嚴嚴威儼恪非所以事親也然則敬者無儼恪與曰敬之有儼恪自享祀始也養從愛始者也孝經之道有三曰嚴曰順曰敬嚴從父也順從母也孝養之義從母者也然則是獨從愛乎曰愛至而敬亦至敬至而色亦至矣參損游夏皆孝也用之不同曾卜致敬言閔致和和者敬之通也

曾子曰民之本教曰孝其行之曰養養可能也安爲難安可能也久爲難久可能也卒爲難卒事愼行則可謂能終也

若是則曾子自爲能養也曾子擇孝取下焉而猶以爲難則是庶人之孝未爲降也孟子曰曾子養曾晳必有酒肉將徹必請所與問有餘必曰有曾晳死曾元養曾子必有酒肉將徹不請所與問有餘曰亾矣將以復進也此所謂養口體者也若曾子則可謂養志也故敬之降爲養養之下無降焉保祿祀而下則亦無降也故孝子之詩至於苞栩而衰矣周書曰嗣爾股肱純其藝黍稷奔走事厥考厥長肇牽牛車遠服賈用孝養厥父母厥父母慶自洗腆致用酒則洏矣其庶人之義也

子言之君子反古復始不忘其所繇生也是以致其敬發其情竭力從事以報其親不敢不盡也

、身生於父成於君始於祖本於天地知其所繇生則知其所繇成知其所繇成則知其所繇立政教禮樂亦繇此為養也天子竭力以行禮樂諸侯竭力以行政教其明報不同而幾情致敬竭力從事則一也詩曰我孔熯矣式禮莫愆又曰靡有不孝自求伊祜故謂小孝用力用力之不及致敬者亦有未盡也

子路見於夫子曰有人於此夙興夜寐手足胼胝面目黧黑藝五穀以事其親而無孝子之名者何也子曰意者身未敬耶色不順耶辭不遜耶古人有言曰衣與食與何以無孝之名意者所交非仁人耶坐吾語女雖有國士之力不能自舉其身君子愛以事親敬以交賢何為無孝子之名乎詩曰朋友攸攝攝以威儀曾子則嘗從事於此也夫事親信友獲上治民君子亦嘗置力於此也

曾子曰君子進則能達退則能靜豈貴其能達哉貴其有功也豈貴其能靜哉貴其能守也夫惟進之何功退之何守故君子有二觀焉君子進則益上之譽損下之憂不得志不安貴位不博尊祿負耜而行道凍餓而守仁是君子之功守也

故祿養者非君子之得已也猶不得於道而得於畎畝之義也君子動靜以爲立身進退以爲終始有不功之功不利之利曾子言之仕而不可還者親也至而不可待者年也吾嘗仕齊祿不過鍾釜欣欣而喜非爲貴也親也歿之後南游於楚榱題三圍

、轉轂百乘北鄉涕泣非爲賤也君子有後名不若昕夕之養故顯名揚親亦非君子之得已也以爲不得已而不敢自已是終始之義也

曾子曰人之生也百歲之中有疾病焉有老幼焉君子思其不復者而先施焉親戚既殁雖欲孝誰爲孝年既耆艾雖欲弟誰爲弟故孝有不及弟有不時愼始思終其是之謂與

甚矣曾子之仁也不及孝而思孝不及弟而思弟人之性也耄耋而思立身毀敗而思行道則亦晚矣君子愼始而慮終孩提立孝老宛而不倦詩曰我日斯邁而月斯征昔者子夏食於曾子曰是不已費乎曾子曰君子有三費飲食不在其中有三樂

琴瑟不在其中子夏曰何爲三樂曰有親
可畏有君可事有子可遺此一樂也有親
可諫有君可去有子可怒此二樂也有親
可養有君可諭有友可助此三樂也何爲
三費曰少而學之長而忘之此一費也事
君有功而輕負之此二費也久與之交而
中絕之此三費也夫孩提行孝老而不就
立身者艾而猶有咎其爲費也不亦多乎
詩曰天生蒸民其命靡諶靡不有初鮮克
有終言性習之中變而仁孝之不易也

曾子曰先憂事者後樂事先樂事者後憂事
昔者天子日旦思其四海之內戰戰惟恐不
能乂諸侯日旦思其四封之內戰戰惟恐失
損之大夫士日旦思其官職戰戰惟恐不勝

庶人日昱思其事戰戰惟恐刑罰之至也故臨事而栗者鮮不濟矣

故臨深履薄天子庶人之所共學也愛敬之心不勝惡慢始事而勤終事而怠自謂無所毁傷而毁傷者驟至矣冊書曰敬勝怠者吉怠勝敬者滅義勝欲者從欲勝義者凶夫爲人子行孝而至無終始非以欲勝義而然乎勝義滅仁亂患乃成孟子曰君子有終身之憂無一朝之患也乃若所憂則有之舜人也我亦人也舜爲法於天下可傳於後世我猶未免爲鄉人也是則可憂也憂之如何如舜而已若夫君子所患則無矣非仁無爲也非禮無行也如有一朝之患則君子不患矣

子言之仁有數義有長短大小中心憯怛愛

人之仁也率法而強之資仁者也詩云豐水有芑武王豈不仕詒厥孫謀以燕翼子數世之仁也國風曰我躬不閱皇恤我後終身之仁也

夫世豈有仁而終身者乎亦豈有不仁而終其身者乎以敬成孝以孝成仁能終其身則能及於百世矣亦何長短大小之有冊書曰凡事不強則枉弗敬則不正枉者滅廢敬者萬世師尚父曰且臣聞之以仁得之以仁守之其量百世以不仁得之以仁守之其量十世以不仁得之以不仁守之必及其世孟子謂是尚父之言未是也不仁而可以得天下則是不孝而可以奉宗祀也孟子曰天子不仁不保四海諸侯

不仁不保社稷卿大夫不仁不保宗廟士庶人不仁不保四體夫能行愛敬終始其身則可謂仁者矣豐芑之詩何多讓焉

子曰中心安仁者天下一人而已大雅曰德輶如毛民鮮克舉之我儀圖之維仲山甫舉之愛莫助之子曰詩之好仁如此鄉道而行中道而癈忘身之老也不知年數之不足也俛焉日有孳孳斃而後已

若是則可謂有終始者矣仲山甫之稱爲仁何也謂有終始也令儀令色小心翼翼文王之事也不畏彊禦不侮矜寡成湯之智也以保其身王躬是保舜禹之義也有

是三者以率民彝以正物則性立而教著於天下則非獨立身而已也孟子曰吾身不能居仁繇義謂之自暴也又曰謂其君不能者賊其君者也鄉道而行中道而癈則亦命也以爲朝夕不放於日月則君子有所不可也

大學曰自天子以至於庶人壹是皆以修身爲本其本亂而末治者否矣其所厚者薄而其所薄者厚未之有也

五孝雖殊敬身一也敬身則敬親敬親則敬天敬天則成親成親則成身成身而其身大於天下矣孟子曰人有恆言皆曰天下國家天下之本在國國之本在家家之本在身身厚則萬物皆厚身治則萬物皆治身毀則萬物皆毀身傷則萬物皆傷矣

虞書曰敬修其可願又曰慎厥身修思永夫非愛敬終始而能如此乎

右傳十二則

大傳六百五十八字
小傳一千九百二十七字

孝經集傳卷之二

經筵日講官詹事府少詹事協理府事兼翰林院侍讀學士臣黃道周謹譔

三才章第七

曾子曰甚哉孝之大也子曰夫孝天之經也地之義也民之行也天地之經而民是則之則天之明因地之利以順天下是以其教不肅而成其政不嚴而治

經者天之常也義者地之制也天有常制地不敢變法之則明因之則利舍是則無以和睦於上下故孝者天下之大順也易曰乾以易知坤以簡能易則易知簡則易

從易知則有親易從則有功有親則可久有功則可大可久則賢人之德可大則賢人之業易簡而天下之理得天下之理得而成位乎其中矣故孝者聖賢所以成位也易知簡能是天地之經義也

先王見教之可以化民也是故先之以博愛而民莫遺其親陳之以德義而民興行身之以敬讓而民不爭道之以禮樂而民和睦示之以好惡而民知禁教作孝

孝而可以化民則嚴肅之治何所用乎孝教也教以因道道以因性行其至順而先王無事焉博愛者孝之施也德義者孝之制也敬讓者孝之致也禮樂者孝之文也

好惡者孝之情也五者先王之所以教也虞書曰百姓不親五品不遜汝作司徒敬敷五教在寬敬寬在扵上親遜著扵下二者唐虞之所以成治也以唐虞之教成唐虞之治而聖賢德業配扵天地矣

詩云赫赫師尹民具爾瞻

言夫嚴肅之不可爲治也記曰父之親子也親賢而下無能毋之親子也賢則親之無能則憐之毋親而不尊父尊而不親水之扵民也親而不尊火尊而不親土之扵民也親而不尊天尊而不親父毋天地尊親之合也親以致其愛尊以致其敬愛以去惡敬以去慢二者立而天下化之赫赫師尹夫猶有政刑之心乎傳曰有國者不可不愼辟則爲天下僇矣具瞻所以教愼也愼者敬之治也

右經第七章 凡一百二十九字
小傳四百三十三字

大傳第七

子曰夫民教之以德齊之以禮則民有格心教之以政齊之以刑則民有遯心故君民者子以愛之則民親之信以結之則民不倍恭以涖之則民有孫志甫刑曰苗民匪用命制以刑惟作五虐之刑曰法是以民有惡德而遂絶其世也

甚哉嚴刑肅法之不可以治也五虐之去
五教也遠矣子愛信結恭涖猶未至於言

孝也然而可以觀德焉德者教之所自出也教立而後禮行禮行而後德著德者善之所歸也孟子曰人性之善也猶水之就下人無有不善水無有不下堯舜之民多善而苗民以惡德特聞夫豈其性然哉德教失於上嚴刑束於下從之不可乃有遯心易曰不惡而嚴亦謂遯也

記曰聖人參於天地並於鬼神以治政也處其所存禮之序也玩其所樂民之治也故天生時而地生財人父生而師教之四者君以正用之故君者立於無過之地也

天之生時則曰明地之生財則曰利本於自然則曰生因其本然則曰教君得四正

而用其經義故先王之爲治以章明經義
處其所存玩其所樂非謂其有嚴肅之令
能鬼神其事也故君者天地父師之正也
用其正而不敢有過故以則人而人則之
以養人而人養之以事人而人事之天地
所謂孝子則無不孝子鬼神所謂仁人則
無不仁人者矣子曰禹立三年天下遂仁
夫非大禹而能如此乎詩曰成王之孚下
土之式是之謂也

夫禮必本於太乙分而爲天地轉而爲陰陽
變而爲四時列而爲鬼神其降曰命其官曰
天禮必本於天動而之地列而之事變而從
時協於分藝其居於人也曰義故禮義也者

人之大端也所以講信修睦固人肌膚之會

筋骸之束也所以養生送死事鬼神之大端

也所以達天道順人情之大竇也

欲達天道順人情則舍孝何以乎孝者天地之情鬼神之用陰陽四時所相報荅也易本於太極太極生兩儀兩儀生四象四象生八卦八卦分然五行式序坤艮交應金水火木互相起也聖人之道貴生而惡發故帝出於東方齊於巽相見於離厚生於木而後火受之母立於西南悅於兌致勞於坎厚生於金而後水受之天地水火風雷山澤則各以四正互相眷也是天地之經義也乾坤爻母即為君臣水火男女即為夫婦風雷山澤別其長幼居於四隅以奉正配不相瀆也二老言慈六子言孝

慈愛孝弟將之以敬而後太極立也順莫順扵後天文王之事周公之志也嚴莫嚴扵先天宓羲之事神農黃帝堯舜之志也知其說者以因天明則地利成教扵天下則何嚴刑肅令之有乎

聖人作則必以天地爲本以陰陽爲端以四時爲柄以日星爲紀月以爲量鬼神以爲徒五行以爲質禮義以爲器人情以爲田四靈以爲畜

民者則天地者也聖人者作則者也先天地而後陰陽四時以次陰陽日星以次四時月以次日星鬼神以次日月六者昜之序也昜貴兩畜文德所聚蓋言孝也然則

四靈爲畜不可以已乎曰是文德也聖賢君子之所以類起也君子本於天地端於陰陽柄於四時皆以治本也四時爲柄故有生有成日星爲紀故夙夜不貸月以爲量故不遠而復鬼神爲徒故陟降左右五行爲質故反始明報禮義爲器故言行有物人情爲田故不失其實四靈爲畜故中和可得是十者皆孝也非孝則民無所則民無所則天地陰陽日星五行皆爲虛器矣是以聖人愼所以教之曰言不過辭動不過則是之謂也

河間獻王問溫城董君曰夫孝天之經地之義何謂也對曰天有五行木火土金水也水爲冬金爲秋土爲季夏火爲夏木爲春春主生夏主長季夏主養秋主收冬主藏藏冬之所成也是故父之所生其子長之父之所長其子養之父之所養其子成之諸父所爲其子皆奉承而續行之不敢

不致如父之意盡爲子之道也故曰夫孝者天之經也王曰善哉願聞地之義對曰地出雲爲雨起氣爲風風雨者地之爲也地不敢有其功名而上歸之天命若從天氣者故曰天風天雨也莫曰地風地雨也勤勞在地一歸扵天非至有義孰能行此故下事上如地事天可謂大忠矣又曰土者火之子也五行莫貴扵土土扵四時無所命者不與火分功名忠臣之義孝子之行取之扵土土者五行最貴也其義不可加矣五聲莫貴扵宮五味莫美扵甘五色莫貴扵黃此謂孝者地之義也王曰善哉夫董君之論則猶有未盡也則天之明明莫大扵日月明天之經經莫察扵五緯日者父也君也月近扵日三分距一其行必疾月遠扵日三分距二其行必遲星近扵日四十五度之內其行必疾四十五度之外其行必遲臣子所將迎扵君父也日行

有常溫燠不爲之加遲風雨不爲之加疾月星之行風雨凉燠必變色而先告者臣子之教諫於君父也是天之經也因地之利利莫大於河海以義爲利利莫大於就下江河所在百川趨之雖遠必赴雖險不懼不謀而逝或語或默各至其所臣子所致命而遂志也及其至於海也淡者以鹹甘者以苦清者以混平者以怒涵湛萬里不戀其故若情之歸性性之歸命也不敢有所自執以爭吾素是臣子之合力而同化也故曰則天之明因地之利以順天下利者天下之至順也孟子曰天下之言性也則故而已矣故者以利爲本所惡於智者謂其鑿也禹之行水也行其所無事也如智者亦行其無事則其智亦大矣天之高也星辰之遠也苟求其故千歲之日至可坐而致也若孟子則可與立教者矣

天地之道寒暑不時則疾風雨不節則飢教者民之寒暑也教不時則傷世事者民之風雨也事不節則無功先王之爲禮樂以天地法治也法治善則行象德矣

故政與刑強民者也德與教非強民者也天地之爲寒暑必以時爲風雨必以節所以順物之性集民之事也不時之寒暑無以慈不節之風雨無以孝萬物失其性則天地亦無以教也故因性之教天地之所至貴也詩曰民之秉彝好是懿德

樂者天地之和也禮者天地之序也和故百物皆化序故羣物皆別樂繇天作禮以地制

過制則亂過作則暴明於天地然後能興禮樂也

若是則中和之貴也仁義聖智則以中和爲歸故無中和則無以見孝也天地之性致中以爲寒暑致和以爲風雨風雨出於山川寒暑本於日月寒暑不中風雨不和則日月山川亦無致孝於天地也詩曰旱旣太甚滌滌山川又曰雨無正極傷我稼穡故中和致則愛敬生愛敬生則惡慢息惡慢息則暴亂之亂庶乎免矣暴亂亂免而後禮樂可作也

天高地下萬物散殊而禮制行矣流而不息合同而化而樂興焉春作夏長仁也秋斂冬

藏義也仁近於樂義近於禮樂者敦和率神
而從天禮者別宜居鬼而從地
禮樂者聖人所率鬼神而事天地也春夏
秋冬天地之氣也氣有過勝氣有不及聖
人爲中和以柔之猶爲裘葛湯水以御親
之溫凊也天地合化鬼神行於閒猶魂魄
藏於肝脾之內過盛過懾皆足爲厲天地
父母不能自見而孝子良醫皆見之故爲
中和以調其氣爲禮樂以劑其方不觀禮
樂則不知仁人孝子之志也董生曰春喜
夏樂秋憂冬悲以夏養春以冬喪秋大人
之志也是故先愛而後嚴樂生而哀終天
之當也人資於天大德而小刑是故人主
近天之所近遠天之所遠大天之所大小
天之所小是故天數右陽而不右陰務德
而不務刑刑之不可任以成世也猶陰之

不可任以成歲也爲政而任刑謂之逆天
非天道也故如董生則亦通扵仁義禮樂
之旨者矣

樂也者情之不可變者也禮也者理之不可
易者也樂統同禮辨異禮樂之說管乎人情
矣窮本知變樂之情也著誠去僞禮之經也
禮樂偩天地之情達神明之德降興上下之
神而凝精粗之體領父子君臣之節是故大
人舉禮樂則天地將爲昭焉

通情理而言之猶未及扵性也謂是窮本
知變者得其經義則不變之情非性而何

乎情不變理不易故神明司教而天地之
經義可則也孟子曰仁之實事親是也義
之實從兄是也智之實知斯二者弗去是
也禮之實節文斯二者樂之實樂斯二者
樂則生矣生則惡可已惡可已則不知手
之舞之足之蹈之是則謂不易不變昭於
天地者矣詩曰永言孝思昭哉嗣服嗣天
地而昭日月則亦此志也

記曰禮樂不可斯須去身致禮以治躬則莊
敬莊敬則威嚴致樂以治心則易直子諒之
心油然生矣易直子諒之心生則樂樂則安
安則久久則天天則神天則不言而信神則
不怒而威

着此則教化之所從出也教先抡身身先抡心心治則身治身治而後天下可治也爲樂不足以治心爲禮不足以治身而曰則天因地以順天下則其道細而不可繼矣大學傳曰堯舜帥天下以仁而民從之桀紂帥天下以暴而民從之其所令反其所好而民不從是故君子有諸己而後求諸人無諸己而後非諸人所藏乎身不恕而能喻諸人者未之有也故恕者合愛敬而出之也合愛敬而出之又合愛敬而藏之而後惡慢去抡身惡慢去抡身而後德教加抡人孟子曰反身而誠樂莫大焉強恕而行求仁莫近焉不誠不恕而以則天因地故求之日以至去之日以遠也

中心斯須不和不樂則鄙詐之心入之矣外貌斯須不莊不敬則易慢之心入之矣故樂

也者動於內者也禮也者動於外者也樂極和禮極順內和而外順則民瞻其顏色而弗與爭也望其容貌而民不生易慢焉故德煇動於內而民莫不承聽理發於外而民莫不承順故曰致禮樂之道舉而措之天下無難矣

鄙詐者何葢言惡也易慢者何葢言慢也惡慢見於一人則愛敬弛於天下禮樂者愛敬之極也愛以導和敬以導順內和外順故博愛德義敬讓禮樂因之而生故舍愛敬先王無以爲教也非無以爲教亦無以爲身非無以爲身亦無以爲心孟子曰

君子所以異於人者以其存心也君子以仁存心以禮存心鄙詐易慢則歷乎遠矣

樂者爲同禮者爲異同則相親異則相敬樂勝則流禮勝則離合情飾貌者禮樂之事也禮義立則貴賤等矣樂文同則上下和矣好惡著則賢不肖別矣刑禁暴爵舉賢則政均矣仁以愛之義以正之如此則民治行矣

夫以孝爲教者好惡刑禁亦何所事乎曰聖人治民有不得已也傳愛以先之德義以敎之敬讓以申之禮樂以道之而民性未動先王亦曰民未知禁也示之以好惡使知禁焉耳好惡者聖人之心行也董生曰人主之好惡喜怒乃天之煖清寒暑也

不可不審禁而出也當暑而寒當寒而暑必爲惡歲也人主當喜而怒當怒而喜必爲亂世矣故人主之大守在於謹藏而禁內使好惡喜怒必當義乃出若煖清寒暑之當時乃發也則可謂參天矣董生亦得中和之意也然而未本本者反身之謂也孟子曰愛人不親反其仁治人不治反其智禮人不荅反其敬行有不得者皆反求諸己其身正而天下歸之記曰樂者施也禮者報也樂樂其所自生禮反其所自始報情反始則通於先王之所教治者矣

禮主其減樂主其盈禮減而進以進爲文樂盈而反以反爲文禮減而不進則銷樂盈而不反則放故禮有報而樂有反禮得其報則

樂樂得其反則安禮之報樂之反其義一也

報反者敬讓之謂也敬讓者孝子所謂禮樂也孝子之於天下無所好惡其所好者觀樂以知盈其所惡者觀禮以知減減而得其報盈而得其反合同而化反心而安如此而已矣大禮之報天地大樂之反祖考是仁人孝子之志也然而仁人孝子不敢以爲教仁人孝子亦曰吾幸而得愛敬之報報亦幸而不受惡慢之反云耳詩曰投我以桃報之以李彼童而角實訌小子是古人所致其敬讓也匡衡曰朝有變色之言則下有爭鬭之患上有自專之士則下有不讓之人上有克勝之佐則下有傷害之心上有好利之臣則下有竊盜之民是仁人孝子所亟反於本也

樂繇中出禮自外作樂繇中出故靜禮自外

作故文大樂必易大禮必簡樂至則無怨禮至則不爭揖讓而治天下者禮樂之謂也

禮樂之易簡夫非孝弟而何乎至孝則無怨至弟則不爭孝非內也弟非外也而至孝多情至弟多文或以內順或以外順內外交讓而至教被於天下矣故讓者孝敬之著於外者也子曰觴酒豆肉讓而受惡民猶犯齒衽席之上讓而坐下民猶犯貴朝廷之位讓而就賤民猶犯君甚矣揖讓之難治也夫非大孝而能之乎書曰允恭克讓光被四表格于上下克明俊德以親九族九族既睦平章百姓百姓昭明是堯舜之化也孟子曰堯舜之道孝弟而已矣

子言之君子貴人而賤己先人而後己則民

作讓又云有國家者貴人而賤祿則民興讓
尚技而賤車則民興藝又云善則稱人過則
稱己則民不爭善則稱人過則稱己則怨益
亡又云善則稱人過則稱己則民讓善善則
稱君過則稱己則民作忠

甚哉教者之通於性也民性好善示之以
善無不任與之以善又無不讓也任善而
喜喜出於愛愛以爲樂讓善而羞愧愧出
於敬敬以爲禮聖人與人一言而博愛德
義敬讓禮樂好惡皆備者與善之謂也孟
子曰君子莫大乎與人爲善與人爲善天
地之經義也

天子有善讓德於天諸侯有善歸諸天子卿大夫有善薦於諸侯士庶人有善本諸父母存諸長老祿爵慶賞成諸宗廟所以示順也

天地日月山川嶽瀆此四者皆讓也故讓孝之實也子曰能以禮讓於爲國乎何有不能以禮讓爲國如禮何大學傳曰一家仁一國興仁一家讓一國興讓一人貪戾一國作亂言因性立教者之好惡不可不審也本愛本敬去惡去慢以明順於天下非讓莫繇矣故曰讓者孝之實也

右傳十五則 大傳一千一百三十七字 小傳三千三百四十六字

孝治章第八

子曰昔者明王之以孝治天下也不敢遺小國之臣而況於公侯伯子男乎故得萬國之懽心以事其先王

愛敬著於心則惡慢遠於人惡慢著於心則怨讟生於下矣聚順承懽人道之至大者也易曰雷出地奮豫先王以作樂崇德殷薦之上帝以配祖考夫得萬國而不得其懽心雖得萬國安用乎孟子曰天下大悅而將歸已視天下悅而歸已猶草芥也惟舜爲然舜盡事親之道而瞽瞍底豫瞽瞍底豫而天下化瞽瞍底豫而天下之爲父子者定若舜可謂得萬國之歡心者矣詩曰媚茲一人應侯順德舜之謂也

治國者不敢侮於鰥寡而況於士民乎故得百

姓之懽心以事其先君

治國而侮士民則驕溢之過也驕溢者富貴之過也驕溢不長存富貴不長保故失社稷怒人民者比比也書曰懷保小民惠鮮鰥寡自朝至于日中昃不遑暇食用咸和萬民詩曰惠于宗公神罔是怨神罔是恫文王之謂也

治家者不敢失於臣妾而況於妻子乎故得人之懽心以事其親

言非法言行非法行則其臣妾妻子意而薄之矣又以富貴怒其妻子則是絶祀也孟子曰身不行道不行於妻子使人不以道不能行於妻子以孝爲治者常思其親則親愛畏敬賤惡哀矜傲惰此五僻者無繇而生也夫愛敬而亦有僻者乎愛敬不

扵其親而愛敬宅人故其親怒扵上而衆怨扵下也

夫然故生則親安之祭則鬼享之是以天下和平災害不生禍亂不作故明王之以孝治天下也如此

甚矣聚順之大也聚天下之懽心以致二人之養是薦上帝配祖考之所從始也生則聚順以爲養死則聚順以爲祭去人之力而用其志用人之志而萃其心是仁人孝子之極致也孟子曰桀紂之失天下也失其民也失其民者失其心也得天下有道得其民斯得天下矣得其民有道得其心斯得民矣夫不得民之心而欲以養其親猶以草澤之牛豕爲智也詩曰綏以多福俾緝熙于純嘏多福純嘏非命天下之

愛敬而能之乎

詩云有覺德行四國順之

覺者所爲敎也敎者所爲孝也民心不懽天下不順雖貞子無以順於父母故災害毓亂毓亂則民心之不順爲之也和氣生則衆志平衆志平則怨惡息天人交應而鬼神從之書曰協和萬邦黎民於變時雍蓋言順也唐虞之治非聚衆順而能有此乎故日明於順然後能守危也是之謂也

右經第八章　凡一百四十二字　小傳六百三十五字

大傳第八

昔者聖人建陰陽天地之情立以爲易易抱

龜南面天子衮冕北面雖有明知之心必進斷其志焉示不敢專以尊大也

尊大者至天子而極矣北面以受耆龜則又何惡慢之有乎古者諸侯之卿士見於天子皆有宴享勞來焉大夫而下猶使卿士燕之所以達萬國之情也賈生曰大禹之治天下也諸侯萬人禹壹皆知其體禹豈能聞見而識之也諸侯朝會禹親服之其士月朝禹親見之是以禹一皆知其體也然且禹猶大恐諸侯會則問諸侯曰諸侯以寡人為驕乎朔日士朝則問於士曰諸大夫以寡人為汰乎聞寡人之驕汰不告寡人者是滅天下之教也寡人之所惡也故如禹者則可謂以孝立教者矣天下諸侯聖禹而神鯀不言鯀之罪又從而神之則亦謂此也

天子視學大昕鼓徵所以警衆也天子至命
有司行事興秩節事先師先聖有司卒事反
命始適東序釋奠於先老遂設三老五更羣
老之席位焉適饌省醴養瑞畢具遂發咏焉
退修之以孝養也反登歌清廟既歌而語言
君臣父子長幼之道合德音之致禮之大者
也下管象舞大武大合衆以事達有神興有
德也正君臣之位貴賤之等有司告以樂闋
王乃命公侯伯子男及羣吏曰反養老幼于

東序終之以仁也

記曰古之人一舉事而衆知其德之備也衆知其德之備則其懽心安往乎故記之致詳者視學是也始慮之以大既愛之以敬行之以禮修之以孝養紀之以義終之以仁自鼓徵而興秩釋奠而設位適饌省禮而發咏修養而登歌登歌而道古管舞而合衆辨位而尚齒樂闋乃命畢養於東序凡十有五禮皆所萃天下之歡心也萃天下之懽心非學孰始之乎詩曰於倫鼓鐘於樂辟廱鼉鼓逢逢矇瞍奏公是周人之樂文王也其馬蹻蹻其音昭昭載色載笑匪怒伊教是魯人之樂僖公也故道之可以懽樂邦國者莫學若也學而後燕射朝聘喪祭之務可以備禮也

凡養老有虞氏以燕禮夏后氏以饗禮殷人

以食禮周人修而兼用之五十養於鄉六十養於國七十養於學達於諸侯八十拜君命一坐再至瞽亦如之九十使人受天子欲有問焉則就其室以珍從七十不俟朝八十月告存九十日有秩五十不從力政六十不與服戎七十不與賓客之事八十齊喪之事弗及也

燕禮一獻坐而飲酒親之也饗禮體薦不食盈罇不飲尊之也食禮坐而不飲殺飯之設愛而致慤春夏燕饗秋冬用食則敬而文矣文者敬之將衰者也

有虞氏皇而祭深衣而養老夏后氏收而祭燕衣而養老殷人冔而祭縞衣而養老周人冕而祭玄衣而養老凡三王養老皆引年八十者一子不從政九十者其家不從政癈疾非人不養者一人不從政父母之喪三年不從政齊衰大功之喪三月不從政

冕而祭祭而後養之夫有天地神明之意焉以天子之尊敬人之父兄神明其事尊若天地親若父母故道之可以權樂於天下者則莫養老若也

祭之道孫爲王父尸所使爲尸者於祭者子

行也父北面而事之以明子事父之道也尸飲五君洗玉爵獻卿尸飲七以瑤爵獻大夫尸飲九以散爵獻士及羣有司皆以齒先期旬有一日君夫人皆致齊乃會於太廟君純冕立於阼夫人副褘立於東房君執圭瓚祼尸大宗執璋瓚亞祼及迎牲君執鸞刀君迎牲而不迎尸尸在廟門外則疑於臣在廟中則全於君卿大夫從士執芻宗婦執盎從夫人薦涗水君執鸞刀羞嚌夫人薦豆及入舞君執干戚

就舞位君爲東上冕而摠干率其羣臣以樂
皇尸是故天子之祭也與天下樂之諸侯之
祭也與竟內樂之此其義也

記曰禮之近於人情者非其至也祭之有尸三代共之以明祖孫之義焉以通神人之奧焉以嚴父子之報焉以敦親屬之紀焉四者而猶未盡也故三代皆用之天子之所不臣者二當其在師則不臣也當其在尸則不臣也故道之可樂者有師與尸若也非爲是可樂謂不如是則無以事其親天子行之於廟諸侯行之於國大夫士行之於家增志明重莫之敢非率是道也又何所惡慢之有詩曰旨酒欣欣燔炙芬芬公尸燕飲無有後艱盛世之事也神具醉止皇尸載起鼓鐘送尸神保聿歸追盛

之意也其足以懽會萬國崇報於祖考則
一也

古之人有言曰善終如始餕其是已尸亦餕鬼神之餘也尸謖君與卿四人餕君起大夫六人餕臣餕君之餘也大夫起士八人餕賤餕貴之餘也士起各執其具以出陳于堂下百官進而徹之下餕上之餘也凡餕之道每變以衆所以别貴賤之等而興施惠之象也

記曰廟中者竟內之象也上有大澤則惠必及下顧先後異耳非上積重而下有凍餒之民夫使上有積重之勢下有凍餒之民雖日行餕獻鼓鍾磬管足以聚天下之

懽心乎曰聖人在上報本反始使人皆有
父之尊有母之親祁寒暑雨不怨其上胡
爲其有遺言也孟子曰君子之於物也愛
之而弗仁於民也仁之而弗親親親而
仁民仁民而愛物聖人而猶有遺民亦寄
痌瘝焉而已矣詩云雨我公田遂及我私
彼有不穫穉此有不斂穧彼有遺秉此有
滯穗伊寡婦之利

祭有畀煇胞翟閽者惠下之道也有德之君
爲能行此明足以見之仁足以與之能以其
餘畀下者也煇者甲吏之賤者也胞者肉吏
之賤者也翟者樂吏之賤者也閽者守門之
賤者也以至尊旣祭之末不忘至賤以其餘

畀之是故明君在上則竟內之民無有凍餒者矣

傳曰旅酬下爲上所以逮賤也逮賤之道至於煇胞翟閽而至矣以聖人之不殺也而骨革羽毛取之鳥獸牲牷肥腯供之祭祀以聖人之不刑也而有墨者守門古者刑人不使守門閽之用刑人則自周而降也聖人祭祀而皆畀其餘使諸賤吏亦皆有駿奔將事之意焉天下之權心則自此聚也易曰澤上於地萃衆萃而澤及之大牲享廟餘以逮下以此教惠猶有惡慢而虧於刑人者

古者明君爵有德而祿有功必賜爵祿於太廟示不敢專也祭之日一獻君降立于阼階

之南南鄉所命北面史繇君右執策命之再

拜稽首受書以歸而舍奠于其廟

諸侯之卿天子之大夫士有德有功天子皆自廟命之示不敢專且勸善也尸飲五君既獻卿降立于阼階之南示不當尊且教謙也卿大夫士各以其策舍奠祖廟諸侯行於其國卿大夫行於其家而尚德貴功重祖敬宗之義達於天下矣詩曰彤弓弨兮受言藏之我有嘉賓中心貺之鐘鼓既設一朝饗之藏之於廟饗之於朝出師而告冢土獻馘而告明堂詩曰乃立冢土戎醜攸行淑問如皐陶在泮獻囚於以昭示天下得其懽心以不作於先王先公其義則一也

孔子對哀公曰古之爲政愛人爲大所以治

愛人禮爲大所以治禮敬爲大敬之至矣大昏爲大大昏至矣大昏旣至冕而親迎親之也親之也者親之也是故君子興敬爲親舍敬是遺親也弗愛不親弗敬不正愛與敬其政之本與公曰冕而親迎不已重乎孔子愀然作色曰合二姓之好以繼先聖之後以爲天地宗廟社稷之主君何謂已重乎

大昏人道之始也冕而親迎所以教敬愛之始也所以教敬愛者非爲敬愛其妻子爲敬愛其親也家人之上九曰有孚威如·吉冕而親迎威如之謂也威如而後有終

有終而後不愧於先君書曰慎厥終惟其始又曰始于家邦終于四海是之謂也

又曰昔三代明王之政必敬其妻子也有道妻也者親之主也敢不敬與子也者親之後也敢不敬與

夫子是言蓋爲敬身也敬親則敬身敬身則必敬其妻子故曰身以及身子以及子妃以及妃行此三者則愾乎天下矣故冠昏之禮先王所聚懽心之始也

諸侯燕禮之義君立阼階之東南南鄉爾卿大夫皆少進定位也君席阼階之上居主位西面特立莫敢適之義也設賓主使宰夫爲

獻主臣莫敢亢也不以公卿爲賓以大夫爲賓明嫌之義也賓入中庭君降一等而揖之君舉旅於賓及君所賜爵皆降再拜稽首升成拜明臣禮也君荅拜之禮無不荅明君上之禮也臣下竭力盡能以立功於國君必報之以爵祿故禮無不荅言上之不虛取於下也上明正道以道民民道之有功然後取其什一是以上下和寧而不相怨也

禮無不荅以君而荅臣是拜揖之重於爵祿也詔曰席小卿次上卿大夫次小卿東

西爲次士庶子以次就位於下獻君君舉旅行酬而後獻卿卿舉旅行酬而後獻大夫大夫行酬而後獻士士行酬而後獻庶子俎豆牲醴薦羞皆有等差所以明貴賤也古之爲君者以此敬愛其臣下其臣下猶有不竭力盡能以立功於國者

聘禮上公七介侯伯五介子男三介所以明貴賤也介紹而傳命君子於其所尊弗敢質敬之至也三讓而後傳命三讓而後入廟門三揖而後至階三讓而後升所以致尊讓也君使士迎于竟大夫郊勞君親拜迎于大門之內而廟受北面拜貺拜君命之辱所以致

敬也

愛之於廟拜之於廟天子於諸侯之卿猶且如此乎晉文公拜襄王之命盡禮而恭內史興以爲必覇隨會聘於周定王親享之郤至告捷於周未將事而飲王赤酒非禮也古之盡禮於聘享者非爲其諸侯大夫亦各爲其先王先公也詩云我孔熯矣式禮莫愆夫猶有勉勉不盡其歡者乎何其言之懃也

大夫士相見雖貴賤不敵主人敬客則先拜客客敬主人則先拜主人凡非弔喪非見國君無不荅拜者大夫見於國君國君拜其辱士見於大夫大夫拜其辱同國始相見主人

拜其辱君於士不荅拜也非其臣則荅拜之

大夫於其臣雖賤必荅拜之男女相荅拜也

適於異國則無不拜也立於同國則始相拜也君不荅士而大夫荅其臣故爲交執而不荅其下非禮也禮荅之則懽心生不荅之則怨心生董生曰人生有喜怒哀樂之荅春秋冬夏之類也喜春之荅也怒秋之荅也樂夏之荅也哀冬之荅也天之副在乎人人荅天之四時而必忠且愛也則堯舜之治無以加此是之謂也

五官之長曰伯是職方其擯於天子也曰天子之吏同姓天子謂之伯父異姓天子謂之伯舅九州之長入天子之國曰牧同姓天子

謂之叔父異姓天子謂之叔舅

周室至扵春秋三百餘年矣然國諸侯或十四三世或十四五世而天子皆稱之曰伯父叔父伯舅叔舅何也曰尊之也親之也尊以生敬親以生愛敬愛出扵天子不復爲等詩曰寧適不來微我有咎是之謂也

國君不名卿老世婦大夫不名世臣姪娣士不名家相長妾君大夫之子不敢自稱曰余小子大夫士之子不敢自稱曰嗣子

凡若是者所以去慢也去慢而後無所輕侮無所輕侮而後無所遺失無所遺失而猶未可言愛敬也子言之狎侮汔焉而不畏也狎侮君子罔以盡人心狎侮小人罔

以盡其力書曰左右攜僕夷微盧烝文王惟克厥宅心則是可言愛敬者矣

君子式黄髮下卿位入國不馳入里必式君命召雖賤人大夫士必自御之

敬者逮上愛者逮下苟以先王先公之義通之則愛敬之義逮於上下一也國君式齊牛大夫士式路馬召賤御貴以斯義通之四郊之内誰復可慢者乎賈生曰堯舜禹湯之治天下也士民樂之即位百年士民猶以爲數也桀紂之治天下也士民吝之即位皆十年而滅士民猶以爲太久也居於上而敬士愛民之謂智居於上而簡士者民之爲愚士民不可不畏大族多力不可敵也賈生則知所立本矣未知所立孝也立孝者謂是先王先公之遺民也則猶其遺體也齊牛路馬猶且敬之而况其

遺體乎

君無故不殺牛大夫無故不殺羊士無故不殺犬豕君子遠庖廚凡有血氣之類弗身踐也至于八月不雨則君不舉又曰年不順成天子素服乘素車食無樂君衣布搢本關梁不租山澤不賦土功不興大夫不造車馬

甚矣君子之仁也君子之仁足以及物而後孝足以報親仁不足以及物而曰孝子吾不信也

國君春田不圍澤大夫不掩羣士不取麛卵

歲凶年穀不登君膳不祭肺馳道不除祭事不縣大夫不食粱士飲酒不樂

夫猶此意也而又加至矣蒐苗獮狩之中而亦有孝子焉殺一草一木必以其時則亦謂此也夫有致謹於此而日傲然惡慢其士民者則亦必矣

卿大夫疾君問之無筭士壹問之君於卿大夫比葬不食肉比卒哭不舉樂士比殯不舉樂卿大夫之喪公視大斂君升商祝鋪乃斂天子及隣國之君亦皆使人弔其不淑也

若是以待其臣庶則可謂盡矣天子以是待其公卿公卿以是待其大夫士大夫士

以是待其隣里族黨無不盡者而後天下之懽心得天下之懽心得而後天下之孝養可聚也故災害旤亂皆天下之戾心爲之也民心和平則災害不生旤亂不作賈生曰民無不爲本也民無不爲命也民無不爲功也民無不爲力也菑之與福非降在天降之於士民也可不慎乎

子曰舜其大孝也與德爲聖人尊爲天子富有四海之內宗廟饗之子孫保之故大德必得其位必得其祿必得其名必得其壽

祿位名壽非得天下之歡心而能如此乎歡心不得雖萬乘之祿無以爲富九五之尊無以爲貴賈生曰君子之貴也士民貴之故曰貴也君子之富也士民富之故曰

富也其壽也則亦曰士民壽之故曰壽也桀紂盜跖身沒之後民以相詬夫非不得其歡心以至於此乎不得其懽心而有其家國天下是亂臣賊子所接踵於世也

子言之曰後世有作者虞帝弗可及也矣君天下生無私死不厚其子子民如父母有憯怛之愛有忠利之教親而尊安而敬威而愛富而有禮惠而能散其君子尊仁畏義恥費輕實忠而不犯義而順文而靜寬而有辨

夫虞帝之所以得此則亦曰得天下之懽心而已矣懽心不得則無以事親無以事親又何以教其君子虞帝之教曰吾盡吾敬以事吾上故見爲忠焉吾盡吾敬以接

吾敵故見爲信焉吾盡吾敬以使吾下故見爲愛焉是以見親愛扵天下之民見貴信扵天下之君吾取之以敬也吾得之以敬也故敬者教之本也不遺小臣不侮鰥寡不失臣妾此三者安享天下之本也子曰出門如見大賓使民如承大祭巳所不欲勿施扵人在邦無怨在家無怨舜之謂也

故聖人耐以天下爲一家以中國爲一人非意之也必知其情辟扵其義明扵其利達扵其患然後能爲之聖人之所以治人七情修十義講信修睦尚慈讓去爭奪舍禮何以治之乎

禮者何曰孝而已孝者何曰敬而已敬者何曰不敢遺失不敢惡慢而已記曰喜怒哀樂愛怨欲七者謂之人情父慈子孝兄良弟弟夫義婦聽長惠幼順君仁臣忠十者謂之人義講信修睦謂之人利爭奪相殺謂之人患夫是數者歸之和平則天下猶之一家中國猶之一人而已故情義利患不如懽心之約也得其懽心則情義利患可以不問也詩曰亦有和羹既戒既平鬷格無言時靡有爭是之謂也

右傳二十二則 大傳一千九百九十一字 小傳二千八百三十六字

聖德章第九 舊作聖治章

曾子曰敢問聖人之德無以加於孝乎

子曰天地之性人爲貴人之行莫大於孝孝莫

大扵嚴父嚴父莫大扵配天則周公其人也

天地生人無所毀傷帝王聖賢無以異人者是天地之性也人生而孝知愛知敬不敢毀傷以報父毋是天地之教也天地曰生人而曰父毋生之天地曰教人而曰父毋教之故父毋天地曰相配也聖人之道顯天而藏地尊父而親毋父以嚴而治陽毋以順而治陰嚴者職教順者職治教有象而治無為故曰嚴父不曰順毋曰配天不曰配地是聖人之道也知性者貴人知道者貴天知教者貴敬敬者孝之質也古之聖人本天立教因父立師故曰資愛事毋資敬事君敬愛之原皆出扵父故天父君師四者立教之等也書曰天佑下民作之君作之師惟其克相上帝寵綏四方鳥獸知毋而不知父衆人知父而不知天有知嚴父配天之說者則通扵聖人之道矣

昔者周公郊祀后稷以配天宗祀文王於明堂以配上帝是以四海之內各以其職來祭夫聖人之德又何以加於孝乎

夫道至於嚴父而至矣周人祀后稷而不祀姜嫄配文王而不配太姒郊社明堂於此則必有取之也郊社之義三代異用也社之言地方澤之義也郊之言天圜丘之制也后稷之配太社則自夏商而始也尊稷以配天則獨周之制也祖文王宗武王則自成康而始也太王王季不敢言祧皇矣之雅天作之頌是也故議禮者不可不審也郊后稷以配天祀文王以配上帝非周公之聖則莫之爲也不當周公之身而議郊祀之禮則禘嚳而郊稷祖文王而宗武王作者之意於是止也明堂之歲有

六祀焉四立五帝季秋大享是也南郊有
三冬至迎長上辛祈穀龍見大雩是也歲
一祀后稷而八享文王聖人之尊親不以
疎數爲隆殺也其敬益至則其禮益簡簡
之者何嚴之也天嚴則曰父父嚴則配天
后稷祖也以天之嚴嚴之則亦曰父故配
天之父非禰之謂也以嚴而生敬以敬而
生孝以孝而生順不如是不足以立教故
郊祀明堂性教之合也四海於是觀嚴則
於是觀順焉詩曰儀式刑文王之典日靖
四方蓋謂是也夫當文王之身躬集天命
則必配稷於南郊配王季於明堂然且文
王不爲之而文王不以是損孝又留其緒
以畀於周公詩曰維此王季帝度其心貊
其德音其德克明克明克類克長克君王
此大邦克順克比比于文王其德靡悔既
受帝祉施于孫子夫周人亦猶有祭祀王
・季之心乎何其言之尊也然則有虞之不

郊瞽瞍又不祀扵明堂何也曰源德與功
則帝嚳顓頊而下無所置瞽瞍者矣且受
終于文祖則勢不得不宗堯宗堯則猶之
明堂也至有虞之廟則無所奪瞽瞍之位
子曰宗廟饗之孟子曰孝子之至莫大乎
尊親尊親之至莫大乎以天下養爲天子
父尊之至也以天下養養之至也尊以天
子養以天下則又何異扵享祀明堂之有

故親生之膝下以養父母日嚴聖人因嚴以教敬因親以教愛聖人之教不肅而成其政不嚴而治其所因者本也

爲教本性爲性本天天嚴而人敬之地順
而人親之敬之加嚴親之加忘人託扵地
不知有地覆扵天惟知有天其漸然也故
嚴者始教者也親者終養者也人養扵膝

下鳥獸昆蟲養於山澤其養之皆地其教之皆天也聖人不嚴其養之而嚴其教之者故人皆知父之尊知母之親以教萬物親親長長老老幼幼不失其所故教愛者不煩教敬者不傷君之於父父之於師師之於天其本一也或曰嚴本於后稷親本於文王然則配天之與配上帝有異與曰天與上帝何異之有周禮典瑞曰祀天又曰旅上帝雖分昊天上帝與五帝之名其爲天則一也然則郊祀配天宗祀配上帝何也曰郊祀者猶祀也宗祀者時享也時享五帝而親文王猶祀昊天而尊后稷明堂則數里而近圜丘則數十里而遠近者愈親遠者愈尊仁孝之等也然則礿禘嘗烝又有四祀宗廟明堂每歲八舉得毋已數與曰其生也日三視膳歿而八享何謂數也然則明堂之與辟雍一與曰明堂九室其别五室辟雍環水有先聖先老焉厤

謂澤宮也

父子之道天性也君臣之義也父母生之續莫大焉君親臨之厚莫重焉

性者道也教者義也以養者父子之道曰嚴者君臣之義也分愛於母故母有父之親分敬於君故父有君之尊父母生之君親臨之稟於自然實命於天非聖人之所能爲也然而聖人不教則天下失性天下失性則天失其命故聖人教人事父以配天事父以配君君天言大生君言大臨大生者得善繼大臨者載厚德故曰父子之道君臣之義父母生之君親臨之言父之上配於天下配於君非聖人則不得其義也

故不愛其親而愛它人者謂之悖德不敬其親

而敬它人者謂之悖禮以順則逆民無則焉不在於善而皆在於凶德雖得之君子不貴也

世有不愛其親而愛它人不敬其親而敬它人者無有乎哉天地之道有二一曰嚴一曰順爲嚴嚴以教順故天覆於地爲順以事嚴嚴故地承於天敬不敢慢愛不敢惡得嚴於天者也敬親而後敬人愛親而後愛人得順於地者也反是爲逆逆爲凶德善者性也君子以是教人亦以是自率也是君子之道也孟子曰人少則慕父母知好色則慕少艾仕則慕君不得於君則熱中大孝終身慕父母

君子言思可道行思可樂德義可尊作事可法容止可觀進退可度以臨其民是以其民畏而

愛之則而象之故能成其德教而行其政令

孟子曰行一不義殺一不辜而得天下不爲也敬愛它人而得富貴君子豈爲之乎君子敬天則敬親敬親則敬身嚴父之道雖未配天而身不可不敬也敬身如天則敬親亦如天敬親如天則亦配天矣傳曰在下位不獲乎上民不可得而治矣獲乎上有道不信乎朋友不獲乎上矣信乎朋友有道不順乎親不信乎朋友矣順乎親有道反身不誠不順乎親矣誠身有道不明乎善不誠乎身矣誠者天之道也誠之者人之道也誠者不勉而中不思而得從容中道聖人也誠之者擇善而固執之者也不思誠不擇善苟得以蹈凶逆則是亂民之行聖王之所不教也

詩云淑人君子其儀不忒

君子而思以淑人善俗非禮何以乎禮儀之在人身所以動天地也孝子仁人必謹於禮謹禮而後可以敬身敬身而後可以事天傳曰大哉聖人之道洋洋乎發育萬物峻極於天優優大哉禮儀三百威儀三千待其人而後行故曰苟不至德至道不凝焉至德者孝敬之謂也

右經九章凡二百八十四字　小傳二千一百二十五字

大傳第九

記曰人者天地之德陰陽之交鬼神之會五行之秀氣也故天秉陽垂日星地秉陰竅於山川播五行於四時和而後月生也是以三

五而盈三五而闕五行之動迭相竭也

人之生本於月月毋也日父也月有盈闕而日無盈闕五行三會以歸於月月虛而日滿日立於不竭以待月之竭故日嚴而月順也月行之遲二十餘九乃及於日日行之遲三百六十餘五乃及於天天者君也日者父也月遲成部以迎天曰五行六會而及於日日十二會而及於天故月者天下之至孝也天下之至讓也天下之至敬也天下之至順也四者至德而孝子皆行之何也人月之所生也生而得其秀秀者氣之精柔者也孝子而不法月則無所法之詩曰假以溢我我其收之是之謂也董生曰天之大數畢於十旬聖人立之以爲數紀見其起止則知貴賤順逆所在知貴賤順逆所在則天地之情著聖人之寳出矣是故陽氣以正月始出養育于上積

十月而功成矣人亦十月而生十月而成天之道也物隨陽而出入數隨陽而終始三王之正隨陽更起數日者據晝而不據夜數歲者據陽而不據陰丈夫雖賤皆爲陽婦人雖貴皆爲陰以此推之天道皆貴陽而賤陰是則董生之意亦專致於嚴父也嚴父者事天事君之要義也

故夫政必本於天殽以降命命降於社之謂殽地降於祖廟之謂仁義降於山川之謂興作降於五祀之謂制度此聖人所以藏身之固也

本天而殽命故得人之性本命而殽事故得人之教本性立教故言易立而行易行

立言與行而後其身不傷身不毀傷而後
可藏於天地故曰聖人所藏身之固也

天尊地卑君臣定矣高卑以陳貴賤位矣動靜有常大小殊矣方以類聚物以羣分則性命不同矣在天成象在地成形如此則禮者天地之別也地氣上躋天氣下降陰陽相摩天地相蕩鼓之以雷霆奮之以風雨動之以四時煖之以日月而百化興焉如此則樂者天地之和也化不時則不生男女無辨則亂升此天地之情也

情之不可以踰雖天地猶然也故爲禮以
別之爲樂以和之不別不和則亂升不生
雖天地不能自制也故聖人以天地之性
制天地之情所謂教也天地貴人而人貴
天父君師三者從天者也董生曰孝子之
行忠臣之義皆法於地也地事天者也物
無有會合者天地之合必察其陰陽別其
順逆顯經而隱權前德而後刑故得以變
化而成功也又曰天子受命於天諸侯受
命於天子子受命於父臣受命於君妻受
命於夫諸所受命者其尊皆天也故曰父
之子也可尊毋之子也可卑尊卑繫於父
不繫於毋無別則亂升亦嚴父之義也然
則天地不可合祭乎曰地之與天不相敵
也郊祭天而社祭地也社之所以專祭者
爲國也爲稷也不然則皆天也天之有日
月星辰猶地之有嶽鎮河海也日月星辰
得周於地嶽鎮河海不得周於天舍嶽鎮

河海則無以見地令日月星辰而猶有以見天雷霆風雨皆出於地而嶽瀆河海皆應於天故地之與天不相敵也然則天地不可分祭乎曰郊社分祭也地之與天則非有二也五帝殊禮三王異建本天者親上本地者親下則各從其類也

昔先王之制禮也因其物而致其義焉爾故作大事必順天時爲朝夕必放於日月爲高必因丘陵爲下必因川澤是故天時雨澤君子達亹亹焉是故因天事天因地事地因名山升中于天因吉土以享帝于郊升中于天而鳳凰降龜龍假饗帝于郊而風雨節寒暑

時是故聖人南面而立而天下大治

物者天地所生義者仁人孝子所自致也
春秋霜露君子亹亹故名山吉土君子所
有事也舜禮五嶽封十二山五載一巡狩
朝會方嶽之下然二十八載不能五巡四
嶽所以然者天子所至諸侯景從辰極之
與日月道不相倣也惟南郊明堂俱在國
都天子歲得有事而禘祫之義尚有限年
則明禋之儀不能頻舉亦可知矣月令不
紀圜丘方澤之文周官不紀明堂四時之
祭惟郊祀禘嘗備見諸書故祀天饗祖兩
義特重三代雖有方澤之文月令無祀后
土之憲泰祀五畤漢用六天遂使汾陰睢
上幷重禮官川嶽風雷分為異趣仁孝之
思牽拎靡文失其義矣

大樂與天地同和大禮與天地同節和故百

物不失節故天地明察明則有禮樂幽則有鬼神如此則四海之內合敬同愛矣禮者殊事合敬者也樂者異文合愛者也禮樂之情同故明王以相沿也故事與時并名與功偕

合敬合愛天地之情也愛有同和敬有同節聖王之教也同情而均性故曰和同情而殊教故曰節禮各反其所始樂各尊其所生天地陰陽日月寒暑各有等差中其節則和不中其節則不和故教之始於嚴父萬物所受節之始也

有虞氏禘黄帝而郊嚳祖顓頊而宗堯夏后氏禘黄帝而郊鯀祖顓頊而宗禹殷人禘嚳

而郊冥祖契而宗湯周人禘嚳而郊稷祖文王而宗武王

神農黃帝皆有明堂則皆有郊祀郊祀不始於虞明堂不始於周而斷於虞周者何也禮於是而備也有虞之不郊瞍而宗堯有夏之不宗舜而郊鯀皆反於本心而安揆於衆理而當質之無疑俟之不惑如在今人則又衆喙繁興互持不下矣凡創禮出於聖人議禮本於天子苟無戾於孝敬皆不失爲典章然則文王稱祖武王稱宗武王不得正南面之位與曰禮之貴昭穆也禘祫大饗則始祖東嚮太王文王皆北嚮而稱穆王季武王皆南嚮而稱昭如其月祭七廟各專俱南面也或因廟祭以爲昭穆則俱昭穆之何必南嚮之有然則文王武王之在明堂有二主與曰禮無二主

文王在明堂則武王在太廟文王配上帝則武王不配上帝何二王之有曰嚴父配天爲成王者如之何曰祖卽父也有天下者各以創天下之父而爲之易世而後始自爲祖然猶不敢忘其自始各以昭穆進祔七廟天地之義生人之序也

燔柴扵泰壇祭天也瘞埋扵泰圻祭地也用騂犢埋少牢扵泰昭祭時也祖近扵坎壇祭寒暑也王宮祭日也夜明祭月也幽宗祭星也雩宗祭水旱也四坎壇祭四方也山林川谷丘陵能出雲爲風雨見怪物皆曰神有天下者祭百神諸侯在其地則祭之無其地則

不祭

燔柴泰壇壇之南也瘞埋泰折壇之北也泰昭坎壇則猶之南北也四時之於寒暑一也而兩祭之何也暑極則寒生寒極則暑生四時之至極於南北夏至爲坎冬至爲昭祀二至則近於天地也命之曰昭坎知其爲四時也曰寒暑重言之也王宮壇之東也夜明壇之西也雩宗南也幽宗北也禱水旱者必於盛陽之月望星辰者必嚮坎壇之北命之曰雩幽知其爲陰陽也四坎壇山林川谷丘陵也雲靁風雨出於川谷丘陵猶人之有噓氣津澤故古有所不祀也祀四坎壇則四方之嶽瀆川鎮皆載其中風靁雲雨因而從之甚矣古人之微也然則陰陽出於天地寒暑生於日月水旱生於寒暑而且祀之何也是即所謂風雲靁雨也言風雲靁雨則地氣也疑於

天道言水旱寒暑則天道也通於人事聖賢重人患而急民事故感冬夏而紬霜露夫亦各其義也然則是言合祀與曰是合祀也而各有其禮樂焉然則周官之不言合祀何與曰各一代之制也周禮冬至祀天于圜丘夏至祀地于方澤大宗伯兆大明于東郊兆夜明于西郊樂舞各殊從配異義然而其文未著所最著者曰祀昊天上帝于圜丘耳然則夫子不取之何也曰聖人之作代各異尚夏時殷輅周冕虞韶則周間用之矣何必周公然則記之合祭何取之與曰各三代之遺也記曰七代所更立者郊禘祖宗其餘不變也然則周公變之何也曰卜洛宅鎬明堂辟雍之義則固有不同者矣然則月令之迎氣詳於四立而簡於二至何也曰月令夏道也皆以立春周禮周道也皆以冬至皆立春者其盛禮見於祈穀皆冬至者其盛禮見於秋

嘗仁人孝子則各有取之也夫不得仁人孝子之意而言郊祀者亦猶之聚訟而已

郊之祭也迎長至之日也大報天而主日也兆於南郊就陽位也掃地而祭於其質也器用陶匏以象天地之性也於郊故謂之郊牲用騂尚赤也用犢貴誠也郊之用辛也周之始郊日以至卜郊受命於祖廟作龜於禰宮尊祖親考之義也

孝子愛日迎長履端報天而主日配以祖考受命作龜則盛德之始事也周始伐殷戊午師逾孟津星與日辰皆在北維析木之津天黿之首日至在焉蓋以辛酉祭告

天地癸亥陳師會朝清明後世因之皆冬至而祀上辛至不皆辛也辛則不十至亦不卜也而猶且卜之盖占歲也故謂之迎長又謂祈穀迎長孝子之事祈穀仁人之志二者可以先後起也然則至日而辛如何曰夏周之道可以兼用也迎長至則不迎短至就陽則不就陰而猶且曰北郊方澤者何也曰鎬洛之異用夏周之殊尚是不可知也然而記者則是夫子之所取也掃地陶匏而爲之壇壝三成分羅諸祀何也曰聖人有言汚樽抔飲其勢必變太羹玄酒聊從其初則亦其義也得其尊祖親考者而已矣

故祭帝於郊所以定天位也祀社於國所以列地利也祖廟所以本仁也山川所以儐鬼

神也五祀所以本事也

郊在都南社在國中明天之週於地地之不過於天也地不過於天則祀不在郊之外明父之治外母之治外也命降於社之為殺地王為羣姓立社曰泰社王自為立社曰王社諸侯為百姓立社曰國社諸侯自為立社曰侯社大夫以下成羣立社曰置社方言謂母曰社母有衆也父一而已祀之去司命與泰厲也進人事而遠鬼神之義也然則明堂南郊又為兩祀乎曰男子治外因尊而尊因親而親歲晉南郊四時明堂賓享五帝又何惟乎然則社皆在國郊與明堂皆在郊明堂不遠於廟與曰廟與社之皆在國親親之義也郊與明堂之皆在郊尊尊之義也天子有郊諸侯不出其國等殺之義也然則諸侯之有外祀非禮與曰因天因地苟在祀典則猶

之禮也淳于曰明堂在國之陽三里之外七里之內韓嬰曰明堂在南方七里之郊故達霜露則謂之郊具覆幬則謂明堂郊壇之有饗殿則猶之古也諸侯之社不盡在公宮之右則亦猶之古也

郊之祭大報天而主日配以月夏后氏祭其闇殷人祭其陽周人祭日以朝及闇祭日於壇祭月於坎以別幽明以制上下祭日於東祭月於西以別外內以端其位日出於東月生於西陰陽長短終始相巡以配天下之和

爲郊祀之說則莫明於此也天無質以星辰爲質昊天五帝則皆其名也天之有主

配者日月而已陰陽寒暑雲雷風雨皆生於日日爲其功而歸於天日之歸功於天猶父之歸功於君君之歸功於天也故嚴父配天卽報天主日之說也主天而配祖主日而配月此兩者古人之精義也其不曰報天而配地何也曰人者天地之心也日者亦猶天之心也敬天而尊其心則諸形質皆下矣地之於人猶腑臟之有包絡也月之於日猶腎水之於君火也聖人之在天地猶羲陽之在六虛無可配者月受其光以爲精魄星受其采以爲光耀氣受其序以爲遠近寒暑融結霜露噓噏風雷無非日也聖人亦猶之日也以爲配天則不得曰主天以爲主日則不得曰配日闇之言宣夜昕之言蓋彌日之言渾亦猶此義也然則祭日之言壇祭月之言坎何義也曰壇旦也詩曰旭日始旦坎陷也易曰坎爲水爲月古人之爲壇坎則有所取之

也然則是禘之泰壇泰圻與日一壇也泰壇泰圻自爲南北日壇月坎自爲東西然則朝日東郊夕月西郊日壇九尺月壇六尺之亦爲當於禮與曰聖賢異制三代殊尚古之君子不相非也然而言報天不必言配地言主日不必言配月神明之道異於祖妣必曰天地分合則亦曰日月分合祖妣分合閭巷之義非所精致交於旦明之義也然則日月東西重言之何也曰以明夫郊天之大報大報之主日配祖主日之非兩事也大傳曰天之所覆地之所載日月所照霜露所墜凡有血氣者莫不尊親故曰配天則不必曰配地而尊天之義見不必曰配月而主日之義見不必曰祀禰而尊祖之義亦見也然則日月從於郊東西從其朔有從祀亦有專祀禮與曰禮以義起不相非也而神明之道貴質而賤瀆五帝之道三王亦皆兼用之矣其存者

曰享祀明堂而已矣然則祀之有上帝又有五帝何昉與曰五帝之說不自周始蓋羲軒而前矣有配天而又有配帝則自周始也既已配帝則不得不言五帝然則五帝之有異義何主與曰主其似五帝者則太皞炎帝黃帝少皞顓頊之爲近似也

郊所以明天道也帝牛不吉以爲稷牛帝牛必在滌三月稷牛唯具所以別事天神與人鬼也萬物本乎天人本乎祖此所以配上帝也郊之祭也大報本反始也

天配以祖祖與天並而牲有隆殺何也尊無二上祖之視天猶君之視祖也然則卜牲不吉而猶用之何也天則卜牲祖不卜牲鬼與人親其卜之示尊其不卜之示親

非爲擇牲也然則明堂之禮帝亦卜牲文王不擇牲祫廟之禮祖亦卜牲禰不卜牲與曰常饗不卜卜特爲郊禘而用之帝牲則卜文王不卜夫亦有取之取之帝稷也然則稷非爲社與曰社亦滌牛周之稱社非爲帝稷蓋厲山之子始殖五穀者也

天子七廟三昭三穆與太祖之廟而七諸侯五廟二昭二穆與太祖之廟而五大夫三廟一昭一穆與太祖之廟而三士一廟庶人祭於寢

祭法曰王立七廟一壇一墠曰考廟曰王考廟曰皇考廟曰顯考廟曰祖考廟皆月祭之遠廟爲祧有二祧享嘗乃止去祧爲壇去壇爲墠壇墠有禱焉祭之無禱乃止

去墠曰鬼諸侯而下等殺祧墠亦猶是也
古之作者尊尊親親七廟創於天子以事
祖父謂其功德始於祖父雖不爲天子以
天子之禮報之故七廟之設爲其祖父非
爲其孫子也其王不敢祧太王則懿王不
敢祧季歷以七世之孫子祧其上世之祖
父席富貴而輕本原非開創者之意也然
則九廟十一廟祫祭始廟同堂異室離古
者與曰祫廟同堂奉王而祭雖十一廟猶
之一廟也殷之相土周之公劉皆有特廟
見之於詩其不見於詩而立特廟者高圉
廟是也七制之有特廟自漢始也周三十
七君不得各自立廟則必遞進於二祧之
廟孝夷不敢祧成康循厲宣之不敢祧昭
穆則上祀四世與下祀四世廣七而十一
之未遠於古也上祀四世與始祖而五下
祀四世與太祖而五故祖廟者祖宗之孝
禰廟者孫子之孝以禰廟而奪祖廟比逆

而忘遠非尊親之意也書曰典祀無豐于禰言追遠也然則士有二廟而曰一廟何也曰官師之廟也天子之下士諸侯之上士皆得二廟廟降而孝子之意不降祖而宗宗尊尊而親親子曰武王周公其達孝矣乎是之謂也

別子爲祖繼別爲宗繼禰者爲小宗有百世不遷之宗有五世則遷之宗百世不遷者別子之後也宗其繼別子所自出者百世不遷者也宗其繼高祖者五世則遷者也尊祖故敬宗敬宗尊祖之義也

敬宗敬諸侯大夫之義也別子分藩有國有家是爲別祖其子繼之是爲別宗魯伯

禽之繼周公鄭武公之繼桓公是百世不遷者也康王之繼成王成王之繼武王非特廟則五世猶遷者也然則繼禰小宗者何也猶周文公召康公之世爲卿士受采扵京者也不然則繼别子之禰者也宗其繼别子者百世不遷猶始開國者在二世之內宗其繼高祖者五世則遷猶後禰廟者在四世之外也然則天子無後而外求宗爲繼禰者與爲繼高祖者與曰爲繼高祖者也繼高祖與繼别子二典之大者也繼高祖之禰與繼别子之禰二典之小者也然則天子諸侯無繼禰而皆繼高祖與曰其禰在而繼禰受命扵禰則是繼禰者也其禰不在而繼禰受命扵高祖則是繼高祖者也然則君不猶父臣不猶子昭穆之義猶欲行扵祖禰與曰朝則分君臣廟則分昭穆五世而外昭穆相繼雖不以次其受命扵高祖爲繼高祖則一也然則繼

高祖者而入禰廟不稱孝子與曰殷之兄弟繼禰者多矣其入廟也皆曰嗣王明于繼及者之不爲繼禰也謂有高祖之統焉不祧禰而祧祖不繼祖而繼禰是禮之大疵也然則漢宋之議禮非與曰漢宋之禮有受命於禰者也無受命於禰而繼高祖則皆繼高祖者也然則禰廟入嗣昭穆相次亦誼不爲父子與曰殷七八王無爲父子者其稱嗣王曾孫與嗣天子其義一也

自仁率親等而上之至于祖自義率祖順而下之至于禰是故人道親親也親親故尊祖尊祖故敬宗敬宗故收族收族故宗廟嚴宗廟嚴故重社稷重社稷故愛百姓愛百姓故

刑罰中刑罰中故庶民安庶民安故財用足財用足故百志成百志成故禮俗形形然後樂詩云不顯不承無斁於人斯此之謂也

聖人之治天下教敬教愛而不言用賢者何也曰古之王者皆重世族其卿大夫士皆出公族三代之王則猶同祖也季世王者皆出庶姓其卿大夫士亦皆庶姓物博精多權勢相負故以公族繼於庶姓其漸然也然則孝經之未及於用人何也曰敬愛者用人之實也大傳曰聖人南面而聽天下所先者五民不與焉一曰治親二曰報功三曰舉賢四曰使能五曰存愛五者一得民無不足無不贍者五者一紕民莫得其死是聖人之言用賢也敬其所尊愛其所親尊賢而親親親是嚴父所配於天地

也不然則是庶社之智也

唯聖人爲能饗帝孝子爲能饗親饗者鄉也
鄉之然後能饗焉是故孝子臨尸而不怍君
牽牲夫人奠盎君獻尸夫人薦豆卿大夫相
君命婦相夫人齊齊乎其敬也愉愉乎其忠
也勿勿諸其欲其饗之也

故敬愛者聖人之極思也睦族必敬敬宗敬宗必尊祖尊祖必敬天敬天必不敢惡慢於天下予言之誦詩三百未足以一獻一獻矣未足以饗旅臨尸而不怍饗帝而不荒則是可言郊祀者矣饗祀貴嚴男子治外而獻薦之事君夫人俱何也曰南郊外

也太廟內也饗廟則循之內事也然則高禖公宮不循在郊外與曰蠶室在公宮之陽利於浴川公宮在國社之東則循在國中也高禖之祀青帝不必在於南郊夫亦循之內事也且是不歲舉之也謂國之大典存焉耳然則大明在東夜明在西君冕在東階夫人副褘在西房若是其敵也而獨曰嚴父者何也曰嚴父者天地之義也祭陽而卑陰尊天而主日助祭者孝子之義也嗣續有所始宗社有所託且是循之嚴事也非是則庶子庶婦擅於公族故古人之愛敬各有所自著也

子曰郊社之義所以仁鬼神也禘嘗之禮所以仁昭穆也饋奠之禮所以仁死喪也射鄉之禮所以仁鄉黨也食饗之禮所以仁賓客

也明乎郊社之義禘嘗之禮治國其如指諸
掌而已乎
仁孝一也孝爲主而仁爲賓賓主之名皆敬也皆有其祖德而孫遜以行之郊社禘嘗所爲主者皆子也饋奠射鄉食饗所爲主者皆弟也其名之皆曰仁其行之皆曰敬其爲主者皆孝也非孝則先王又何以仁天下乎

天子者與天地參故德配天地兼利萬物與
日月並明明照四海而不遺微小其在朝廷
則道仁聖禮義之序燕處則聽雅頌之音行
步則有環佩之聲升車則有和鸞之音居處

有禮進退有度百官得其宜萬事得其序詩云淑人君子其儀不忒其儀不忒正是四國此之謂也

參天地而法日月皆孝也先王以孝制治以敬制禮以其性教敷順於天下大則保其天下細則保其身體因嚴因愛無有毀傷萬物之心故禘嘗之義五禮之大端也記曰禘嘗之義大矣治國之本也不可不知也明其義者君也能其事者臣也不明其義君人不全不能其事爲臣不全夫義者所以濟志也諸德之發也是故其德盛者其志厚其志厚者其義章其義章者其祭敬祭敬則竟內之子孫皆敬矣故郊祀之義周公所以教敬也言思可道行思可樂德義可尊作事可法容止可觀進退可

度非以教敬而能如此乎

右傳十七則大傳一千三百九十二字小傳五千一百二十八字

孝經集傳卷之三

經筵日講官詹事府少詹事協理府事兼翰林院侍讀學士臣黄道周謹輯

紀孝行章第十

子曰孝子之事親也居則致其敬養則致其樂病則致其憂喪則致其哀祭則致其嚴五者備矣然後能事親

曾子曰人未有自致者也子曰事君能致其身致身以事君致心以事親兩者天地之大義也數而知之不慮而知謂之良知致而能之不學而能謂之良能故五致者赤子之知能不假學問而學問之大人有不能盡也故言致良知致良能之説則出

於此也仁義禮樂信智則皆自此始也

事親者居上不驕爲下不亂在醜不爭居上而驕則亡爲下而亂則刑在醜而爭則兵三者不除雖日用三牲之養猶爲不孝也

若是者何也敬身之謂也敬身而後敬人敬人而後敬天頌曰敬之敬之天維顯思命不易哉無曰高高在上爲天子者如此又況其下者乎爲下而爭亂忘身及親是君子之大戒也泰誓曰予克受非予武惟朕文考無罪受克予非朕文考有罪惟予小子無良甚矣聖人之危也其孝愈大則其敬也愈至矣

孝經者其爲弭兵而作乎弭兵與刑孝治乃戒兵刑之生皆始與爭爲孝以教仁爲

弟以教讓何爭之有傳曰堯舜帥天下以仁而民從之桀紂率天下以暴而民從之其所令反其所好而民不從是故君子有諸已而後求諸人無諸已而後非諸人所藏乎身不恕而能喻諸人者未之有也故恕者聖人所養兵不用而藏身之固也

右經第十章 凡九十一字 小傳三百五十六字

大傳第十

子事父母雞初鳴咸盥漱櫛縰笄總拂髦冠緌纓端韠紳搢笏左右佩用左佩紛帨刀礪小觽金燧右佩玦捍管遰大觽木燧偪屨著綦婦事舅姑如父母雞初鳴咸盥漱櫛縰笄

總衣紳左佩紛帨刀礪小觿金燧右佩箴管線纊施縏袠大觿木燧衿纓綦屨以適父母舅姑之所及所下氣怡聲問衣燠寒疾痛苛癢而敬抑搔之出入則或先或後而敬扶持之進盥少者奉盤長者奉水請沃盥盥卒授巾問所欲而敬進之柔色以溫之饘酏酒醴芼羹菽麥蕡稻黍粱秫唯所欲棗栗飴蜜以甘之堇荁枌榆免薧滫瀡以滑之脂膏以膏之父母舅姑必嘗之而後退

凡是縛節亦未易舉也士君子能斂身節愼寡欲勤細行以率其妻子其妻子從之有物有恆言動以時威儀不忒則教成於內歲月漸浸可備具也

餘命士以上父子皆異宮昧爽而朝慈以甘旨日出而退各從其事日入而夕慈以甘旨

文王之爲世子則猶用此道也凡世子皆以士禮自處晨夕起居無敢有懈詩曰夙興夜寐是之謂也命士而下不得異宮定省起居各視其力

父母舅姑將坐奉席請何鄉將衽長者奉席請何趾少者執床與坐御者舉几斂席與簟縣衾篋枕斂簟而襡之父母舅姑之衣衾簟

席枕几不傳杖屨祗敬之勿敢近敦牟卮匜
非餕莫敢用與恆食飲非餕莫之敢飲食
是可以爲敬乎充是則亦無所不敬矣其
人政行事則亦猶是也
在父母舅姑之所有命之應唯敬對進退周
旋齊愼升降出入揖遊不敢噦噫嚏咳欠伸
跛倚睇視不敢唾洟寒不敢襲癢不敢搔不
有敬事不敢袒裼不涉不撅褻衣衾不見裏
父母唾洟不見冠帶垢和灰請漱衣裳垢和
灰請澣衣裳綻裂紉箴請補綴五日則燂湯

請洛三日具沐其間面垢燂潘請靧足垢燂湯請洗少事長賤事貴共帥時

是亦士庶人之禮也禮無貴賤其敬一也葛覃之詩曰薄汚我私薄澣我衣害澣害否歸寧父母是后夫人之學也古之君子事其父母雖有僕御無敢不親則猶行士之道也

子婦孝者敬者父母舅姑之命勿逆勿怠若飲食之雖不耆必嘗而待加之衣服雖不欲必服而待加之事人代之己雖弗欲姑與之姑使之而後復之

又曰子婦有勤勞之事雖甚愛之縱之而寧數休之子婦未孝未敬勿庸疾怨姑教之若不可教而後怒之不可怒子放婦出而不表禮焉若是者所以教慈也教慈而後孝猶未失乎孝也

父母有婢子若庶子庶孫甚愛之雖父母殁沒身敬之不衰子有二妾父母愛一人焉子愛一人焉衣服飲食執事毋敢視父母所愛雖父母殁不衰子甚宜其妻父母不說出子不宜其妻父母曰是善事我子行夫婦之禮焉殁身不衰

是則近於養志者矣命士而上天子而下則猶是志也

子婦無私貨無私畜無私器不敢私假不敢私與婦或賜之飲食衣服布帛佩帨茝蘭則受而獻諸舅姑舅姑受之則喜如新受賜若反賜之則辭不得命如更受賜藏以待乏婦若有私親兄弟將與之則必請其故賜而后與之

是亦猶士禮也而其道通於宮掖古之賢后妃夫人則未有不用此者也

親在行禮於人稱父人或賜之則稱父拜之

父命呼唯而不諾手執業則投之食在口則吐之走而不趨親老出不易方復不過時親癠色容不盛此孝子之疏節也

得其疏節則其精意亦見矣君子之氣患不專專而後柔君子之志患太廣廣則不治不柔不治雖盛其容色必落且使人謂曰是誰之子也君子之所隱也

父母有疾冠者不櫛行不翔言不惰琴瑟不御食肉不至變味飲酒不至變貌笑不至矧怒不至詈疾止復故有憂者側席而坐有喪者專席而坐

父母有疾而飲酒食肉禮乎曰嫌其不飲酒食肉也而陳之陳之則有恐至於變者矣夫有側坐之心乎何其謹以摯也

爲人子者出必告反必面所游必有常所習必有業恆言不稱老居不主奧坐不中席行不中道立不中門食饗不爲槩祭祀不爲尸不服闇不臨危不有私財不許友以死

爲人子者父母存冠衣不純素孤子當室冠衣不純采

是亦孝子之疏節也節疏而義精若柏有心而竹有筠也君子爲其大不爲其細故

上無以教下無以學失之於朋友而遺之於造次者衆也

君有疾飲藥臣先嘗之親有疾飲藥子先嘗之醫不三世不服其藥

古之養老者以八珍爲飲以養陽爲食以養陰其已疾也曰酒閔子之養也寒爲益一衣而病脫然暑爲去一衣而病脫然饑爲進一餐而病脫然飽爲卻一餐而病脫然故藥者聖人之所慎用也季康子饋藥夫子辭以未達許世子止不嘗藥春秋書曰弑君故夫子慎疾未嘗服藥凡草木金石其無毒者不能已病其有毒者易至於傷人究其爲用不能愈於五穀滋味之効也聖人制飲食和實羹醢各有攸宜凡食齊視春羹齊視夏醬齊視秋飲齊視冬凡和春多酸夏多苦秋多辛冬多鹹調以滑

甘牛宜稌羊宜黍豕宜稷犬宜粱鴈宜麥魚宜苽春宜羔豚膳膏薌夏宜腒鱐膳膏臊秋宜犢麛膳膏腥冬宜鮮羽膳膏羶膾春用葱秋用芥豚春用韭秋用蓼脂用葱膏用韰三牲用藙和用醯獸用梅皆視所宜齊扵氣志盛則損之衰則益之濟泊以爲醴中節以爲用是可以當藥矣八珍曰淳熬曰淳毋曰炮曰擣珍曰漬曰熬曰糝曰酏是皆所以養老也飲重醴次清次白稻醴清糟黍醴清糟粱醴清糟或以酏漿醷濫君子有是數者以贊其陰陽節其嗜欲亦可以已疾任事矣故禮有侍膳之禮無侍藥之禮聖門小雅無治方者是亦明春秋之隱痛聖人之有所不貴也

父没而不能讀父之書手澤存焉耳毋没而杯圈不能飲焉口澤之氣存焉耳

是亦循士之志也而其道通於上下自庶人而世子天子未有不繇此者也

孝子將祭祀必有齊莊之心以慮事以具服物以修宮室以治百事及祭之日顏色必溫行必恐如懼不及愛然其奠之也容貌必溫身必詘如語焉而未之然宿者皆出其立卑靜以正如將弗見然及祭之後陶陶遂遂如將復入然是故慤善不違身耳目不違心思慮不違親結諸心形諸色而術省之孝子之志也

致愛則存致慤則著著存不忘乎心則循
此志也故祭者人道之至大者也孝子能
備能備然後能祭

君子有終身之喪忌日之謂也忌日不用非
不祥也言夫日志有所至而不敢盡其私也

忌日不用然亦且祭與曰有告焉告則必
祭也曰告於墓禮與曰古者告於廟不告
於墓人子之於親也致詳焉而已告於廟
則祭於廟告於墓則祭於墓未爲失也然
則告於廟謂諱之日告於墓謂葬之日與
日可以義起也古未之有焉古之祭者祀
禴嘗烝而已矣霜露旣降春雨旣濡悽愴
怵惕以爲宗廟神明之所聚也告諱於廟
告葬於墓則疑於魂魄異處矣君子之於
祭各盡其心也心者神明魂魄之所繇交

也扵廟扵墓則亦未爲失也

致齊扵內散齊扵外齊之日思其居處思其笑語思其志意思其所樂思其所嗜齊三日乃見其所爲齊者祭之日入室僾然必有見乎其位周還出戶肅然必有聞乎其容聲出戶而聽愾然必有聞乎其歎息之聲

致齊三日散齊七日每祭必齊益以月祭則是歲齊也曰月祭其小也記曰君子非有大事也則不齊故諸小祀致齊間有之也扵以防其邪物訖其耆欲則雖歲齊未爲數也然則忌日亦致齊乎曰忌日思哀先思其憂也思其憂則不啻三日也而爲

三日以制之祭之明日明繹不察饗而致之又從而思之又曰祭之日樂與哀半饗之必樂已至必哀故忌日之先與祭之明日君子憂思之極也

孝子將祭慮事不可以不豫比時具物不可以不備虛中以治之宮室既修墻屋既設百物既備夫婦齊戒沐浴奉承而進之洞洞乎屬屬乎如弗勝如將失之其孝敬之心至也與

是豫備者亦與五備同旨也五備存於中則百物備於外如是而將之以孝敬故禮樂可起也

孝子之祭也盡其慤而慤焉盡其信而信焉
盡其敬而敬焉盡其禮而不過失焉進退必
敬如親聽命則或使之也
傳曰使天下之人齊明盛服以承祭祀洋
洋乎如在其上如在其左右使則鬼神之
能也若或使之則非鬼神之能也孝子之
志也
孝子之祭可知也其立之也敬以詘其進之
也敬以愉其薦之也敬以欲退而立如將受
命已撤而退敬齊之色不絶於面立而不詘
固也進而不愉疏也薦而不欲不愛也退立

而不如愛命赦也巳徹而退無齊敬之色忘本也如是而祭失之矣

固疏傲惰不愛忘本是亂爭之道也先王教人孝敬其繁文縟節盡在於祭皆以治其心氣凝聚於親結諸心形諸色而術省之故以居上則不驕爲下則不亂在醜則不爭故孝子之治其心氣與先王之治其天下同治也然則孝子無怨於天下與日孝子一舉足一啟口不忘其親誠慤存於中和順著於外詩曰在彼無惡在此無斁

文王之祭也事死者如事生思死者如不欲生忌日必哀稱諱如見親祀之忠也如見親之所愛如欲色然其文王與詩云明發不寐

有懷二人文王之詩也祭之明日明發不寐饗而致之又從而思之

詩曰於繹思繹者祭之明日也又曰綏我思成思成之詩自古在昔不自文王始也

祭之日樂與哀半饗之必樂已至必哀

仲尼嘗奉薦而進其親也慤其行也趨趨以數已祭子贛問曰子之言祭濟濟漆漆然今子之祭無濟濟漆漆何也子曰濟濟者容也遠也漆漆者容也自反也容以遠若容以自反也何神明之及交夫何濟濟漆漆之有乎

反饋樂成薦其薦俎序其禮樂備其百官君子致其濟濟漆漆夫何慌惚之有乎

詩曰濟濟蹌蹌絜爾牛羊蓋言濟也既齊既稷既匡既勅蓋言漆也夫是蓋有所取之也及於夫子之親薦則不然故聖人之親薦異於朋友之攸攝也子曰吾不與祭如不祭言夫攝於朋友者之不足以盡親薦之義也

祭不欲數數則煩煩則不敬祭不欲疏疏則怠怠則忘是故君子合諸天道春禘秋嘗霜露既降君子履之必有悽愴之心非其寒之謂也雨露既濡君子履之必有怵惕之心如

將見之樂以迎來哀以送往故禘有樂而嘗無樂

禘有樂而嘗無樂此亦禮之至著者也凡祭必有尸迎尸送尸皆有樂記曰君執干戚就舞位冕而摠干率其羣臣以樂皇尸又曰獻之屬莫重於裸聲莫重於升歌舞莫重於武宿夜詩曰鏞鼓有奕鼓鐘送尸未有秋嘗重祭遂不用樂者周禮奏夷則歌小呂舞大濩以享先妣奏無射歌夾鍾舞大武以享先祖周人以禘重於礿魯人以嘗重於烝使嘗不用樂則魯大事無有用樂者矣又周禮尸出入奏肆夏牲出入奏昭夏未有嘗祭不用尸牲者郊特牲曰饗禘有樂而食嘗無樂陰陽之義也凡飲養陽氣也食養陰氣也故春礿而秋嘗春饗孤子秋食耆老其義一也而食嘗無樂

飲養陽氣也故有樂食養陰氣也故無聲
是則皆爲養老發也養老則不得言祭祀
之禮感祭祀而悽愴矣且如養老亦皆用
樂文王世子云凡大合樂必遂養老又云
既養老遂發咏焉未有秋冬嘗烝以樂祀
宗廟不以樂享老幼者也又未有以樂享
老幼不以樂祀宗廟者或曰周康王之喪
以七月巳未周人以是闋秋嘗之樂宣公
八年仲遂卒于垂壬午去籥秋七月甲子
日食既魯人以是闋秋嘗之樂是則不然
者喪有輟而樂無廢變事以權復事以經
然則如何曰是燕私之樂也楚茨之詩曰
諸父兄弟備言燕私樂具入奏以綏後祿
葢周人兼用夏殷之禮四時祭皆有樂而
霜露悽愴言念先人乃輟燕私之樂至扵
祖妣洋洋如在禮樂備陳何可輟也然則
詩所謂樂具入奏者何也曰彼亦悽愴之
言也謂是公田廢矣茨棘生矣歲事不修

無以康我父兄者也

記曰福者備也備者百順之名也無所不順者之謂備言內盡於己而外順於道也忠臣以事其君孝子以事其親其本一也上則順於鬼神外則順於君長內則以孝於親如此之謂備唯賢者能備能備然後能祭

樂愛哀嚴皆敬也敬則無所不備則無所不致矣孝子之順於天下致敬而已矣一敬而致百順以事君長以事鬼神皆是也詩曰孔惠孔時維其盡之盡敬之謂也

又曰孝者畜也順於道不逆於倫是之謂畜

是故孝子之事親也有三道焉生則養沒則喪喪畢則祭養則觀其順也喪則觀其哀也祭則觀其敬而時也盡此三道者孝子之行也

三盡者亦五致之義也夫人子之至情亦惟在憂樂乎養而致樂病而致憂喜懼積於中則居處飲食從之矣祭者陰陽之交也存歿之所共致也養不致樂病不致憂雖有哀嚴亦癈然弛矣故敬者憂樂哀嚴之所終始也詩曰聖敬日躋昭假遲遲上帝是祗帝命式于九圍故上帝之憂樂聖人亦有以備之蚤也

是故先王之孝也色不忘乎目聲不絕乎耳

心志嗜欲不忘乎心致愛則存致慤則著著存不忘乎心夫安得不敬乎君子生則敬養死則敬享思終身弗辱也

不存不着則不愼其心不愼其心則必傷其身傷其身則辱親者至矣故終身弗辱敬身之謂也敬身以敬親敬親以敬天天天存與存天着與着敬孝子之親不没也頌曰維予小子夙夜敬止於乎皇王繼序思不忘是成王之學也

子夏問於孔子曰居父母之仇如之何夫子曰寢苫枕干不仕弗與共天下也遇諸市朝不反兵而鬬曰請問居兄弟之仇如之何曰

仕弗與共國銜君命遇之不鬭曰居從父昆弟之仇如之何曰不爲魁主人能則執兵而隨其後

是不與訟爭醜者之言乎曰五服之訟五刑一也斬衰之仇無以爲生兄弟而下不可避也避之則倫絕唱之則法亂聖人議此益不得已也

曾子曰父母之讎不與同生兄弟之讎不與聚國朋友之讎不與聚鄉族人之讎不與聚鄰

然則君子之和睦無怨何也曰君子之愛敬必有繇始也親親而仁民仁民而愛物

仁孝之等也仁人不讎其君孝子不讎其
君夫使其信義不聞於鄉名行不聞於國
志絀於鬼神氣絀於猛獸則已矣如其不
然則亦百姓之所避也齊襄公將復讎乎
紀卜之曰師喪分焉寡人死之不爲不吉
也公羊高曰襄公於是乎道上無天子下
無方伯襄公緣疾以爲義未爲不道也然
則春秋亦與齊襄與曰春秋與紀不一而
足也春秋與紀而公羊高與襄何也曰公
羊高將以其仇紀者激其仇襄者聖人將
以其怒紀者怨其不敢怒襄者故公羊高
之義不如聖人之怨也然則孝經義而春
秋怨者與曰孝經以道順天下欲反天下
之兵刑消於道德故孝經之志非公羊高
之所知也
然則魯莊公不得復父讎乎曰復父讎則
必與齊尋兵與齊尋兵則内不得諱其惡
外不得修其睦上下交怨而亂亂且作故

齊襄之道無所勝於魯莊之道也然則猶嗟之刺何也曰禚之會祝丘之享狩禚而如齊師防蔑沓至春秋之所惡也然則雄狐敝笱然於齊風是無損於魯與曰魯無風也齊不可變於齊乎著之何爲其無損也然則親有威柄道不可制反激殺身危及社稷則如之何曰臣與子一也子不得正諡而臣得正諡使齊襄公危魯之社稷居其宮易其廟則魯之羣臣必不得拱手而授外於無知又不得曰且老矣從頌以俟霸王之自出故春秋之道與孝經相收後世之處此則有未盡也

郤至之告捷也見單襄公驟稱其伐襄公曰君子不自稱非以讓也惡蓋人也人性陵上不可蓋也求蓋人其抑下滋甚故聖人貴讓禮在敵三讓故獸惡網羅民惡其上今郤至位七人之下而欲上之是求蓋七人也其亦有七怨故遠怨之難也不順

則不和睦不和睦不能遠怨南蒯之叛也
鄉人或歌之曰我有圃生之杞乎從我者
子乎去我者鄙乎倍其隣者耻乎已虖已
虖非吾黨之士乎夫鄙至南蒯猶欲爲仁
義也以爭而兵行如至蒯以從吾黨雖有
三牲之養猶之味雉也

孟子曰吾今而後知殺人親之重也殺人之
父者人亦殺其父殺人之兄者人亦殺其兄
然則非自殺之也一間耳

故曰敬人之父人亦敬其父愛人之兄人
亦愛其兄故曰愛人者人恆愛之敬人者
人恆敬之故曰敬其父得其子之懽心敬
其兄得其弟之懽心天子之不敢惡慢諸
侯之不侮鰥寡蓋謂此也書曰匹夫匹婦
如或勝予

右傳二十九則大傳二千七十九字小傳三千二百三十字

五刑章第十一

子曰五刑之屬三千而罪莫大於不孝要君者無上非聖人者無法非孝者無親此大亂之道也

兵用而後法法用而後刑兵刑雜用而道德乃衰矣聖人之禁也曰示之以好惡示之以好惡則猶未有禁也刑而後禁之周禮司徒以六行教民司寇以五刑糾其不率於是有不孝之刑不弟之刑不睦婣不任卹之刑此六者非刑之所能禁也刑之所能禁者寇賊姦軌耳然其習爲寇賊姦軌者刑亦不能禁也必以之禁六行則是

束民性而法之也束民性而法之不有陽竊必有陰敗繇是則堯舜之禮樂與名法爭鶩矣爭鶩必紲然且夫子猶言刑法何也夫子之言蓋爲墨氏而發也人情易婾婾而去節則以禮爲戎首禮曰三千刑亦三千禮刑相維以刑教禮聖人之才與德皆足以勝之勝之而存其與衆人之才與德不足以勝之而見是繁重則畔矣夫子之時墨氏未著而子桑戶曾點原壤之徒皆臨喪不哀遯於天刑自聖人而外未有非者夫子逆知後世之治禮樂必入於墨氏墨氏之徒必有要君非聖非孝之說以惀亂天下使聖人不得行其禮人主不得行其刑刑衰禮息而愛敬不生愛敬不生而無父無君者始得肆志於天下故夫子特著而豫防之辭簡而旨危憂深而慮遠矣

右經第十一章凡三十七字小傳三百八十五字

大傳第十一

子曰君子三讓而進一揖而退事君三違而不出境則利祿也雖曰不要吾不信也

以利祿要君其小者也患失而趍利趍利而圖害苟患失之無所不至矣

子曰君子畏天命畏大人畏聖人之言小人不知天命而不畏也狎大人侮聖人之言

知愛知敬能孝能弟降忪天之謂命授忪人之爲性何以爲性性知敬者也敬深而入畏敬性之人視民如賓使臣如客而况忪大人乎况忪聖人之言乎侮聖人之言

則必侮禮侮禮則必興亂興亂則刑敝刑敝則兵敝故聖人之用刑有不得已也

孟子曰楊氏爲我是無君也墨氏兼愛是無父也無父無君是禽獸也楊墨之道不息孔子之道不著是邪說誣民充塞仁義也

楊之罪無殺於墨乎曰薄乎云爾墨氏非孝楊氏毀忠忠者移孝者也墨氏之非孝其始於冠昏其終於喪祭乎冠昏之禮雖或非之莫有癈也喪祭之禮癈而聖人之道息聖人之道息而夷狄鳥獸亂於中國臣棄其君子棄其父名不篡弒而甚於篡弒者墨氏之爲也故墨者五刑之首麗也

宰我問三年之喪期已久矣君子三年不爲

禮禮必壞三年不爲樂樂必崩舊穀既沒新穀既升鑽燧改火期可已矣子曰食夫稻衣夫錦於女安乎曰安女安則爲之君子之居喪食旨不甘聞樂不樂居處不安故不爲也今女安則爲之宰我出子曰予之不仁也予生三年然後免於父母之懷夫三年之喪天下之通喪也予也有三年之愛於其父母乎

宰我冐不仁之名發非常之問夫子以懷抱之情斷三年之制皆所以表微探賾垂訓無窮後世無宰我之文而欲蹈非聖之實以日易月以紂代衰君行之而不疑臣

遵之而不改使夷狄之習得以亂中國佛老之教得以濁冠裳則文宰我之罪人也然則成王既崩康王受命以啜粥飲水之時而宿同祭咤以有唯無荅之日而報誥敦諄聖人皆不以爲非復存之典策者何也曰周公制禮變質從文七日作冊道揚末命先受命而後成服其與荅報誥之辭皆史官讀之王冕服衘恤祗受不二所以繼文武之統承天地之重也報誥之後釋冕反喪服既不裁通喪之常又不違諒闇之實而侯辟神人皆有所託蠡島壽鼇無繇而生誠情理之權衡不易之鉅典也然則漢文之時未有墨氏而驟變此制天下無議者何也曰漢文之時敦尚黄老雖在宮脉不喜儒法墨釋之與黄老其究同趨人心喜媮易於閒雜惜無執孝經之文起而正之者耳然則孝經之言不孝專爲短喪發與曰春秋之細察於嘗藥孝經之大存

衿喪祭自喪祭而外問安視膳之儀寢興起居之典固頑子所不能纍邪說所不能亂也

傳曰三年之喪何也曰稱情而立文因以飾羣別親疏貴賤之節而弗可損益也故曰無易之道也創鉅者其日久痛甚者其愈遲斬衰苴杖倚廬食粥寢苫枕塊所以爲至痛飾也三年之喪二十五月而畢哀痛未盡思慕未忘然而以是斷之者送死有已復生有節也天地閒血氣之屬必有知有知之屬莫不

愛其類大鳥獸喪其羣匹越月踰時焉則必反巡過其故鄉翔廻鳴號焉躑躅踟蹰焉然後乃能去之小者至於燕雀猶有啁噍之頃焉人於其親也至死不窮將繇夫患邪淫之人與則彼朝死而夕忘之曾鳥獸之不若將繇夫修飾之君子與則三年之喪二十五月而畢若駟之過隙然而遂之則是無窮也故先王爲之立中制節使足以成文理則釋之矣

是言也亦爲非毀過制以生殉瘞者說也上古不葬厚衣以薪葬于中野非不葬也天子龍輴外制束薪亦猶存古之意也而後世庶人衣之以火則是墨氏之教也非古人之意也繇古人之意可以終身遂之無窮繇墨氏之意可以朝殉夕忘大鳥獸之不若故聖人之制爲禮爲刑猶喪娶之與不嘗藥者同類也

然且至親則以期斷何也曰天地則已易矣四時則已變矣在天地之中者莫不更始是以象之也然則何以三年也曰加隆焉爾也焉使倍之故再期也繇九月以下何也曰焉使弗及也故三年以爲隆緦小功以爲殺期

九月以爲閒上取象於天下取法於地中取則於人人之所以羣居和壹之理盡矣故三年之喪人道之至文者也夫是之謂至隆是百王之所同古今之所壹也未有知所繇來者也

天地已易四時已變是循宰予之言也取法天地加隆於人則非宰予之言也隆殺正閒文章以生是有所繇來非人之爲而老氏以禮爲亂首則亦不知所繇來者也

墨者夷之因徐辟而求見孟子孟子曰吾固願見今吾尚病病愈我且往見夷子不來他日又求見孟子孟子曰吾今則可以見矣不直則道不見我且直之吾聞夷子

墨者墨之治喪也以薄爲其道也夷子思
以易天下豈以爲非是而不貴也然而夷
子葬其親厚則是以所賤事親也徐子以
告夷子夷子曰儒者之道古之人若保赤
子此言何謂也之則以爲愛無差等施繇
親始徐子以告孟子孟子曰夫夷子信以
爲人親其兄之子爲若親其隣之赤子乎
彼有取爾也赤子匍匐將入井非赤子之
罪也且天之生物也使之一本而夷子二
本故也蓋上世嘗有不葬其親者其親死
則舉而委之於壑他日過之狐貍食之蠅
蚋姑嘬之其顙有泚睨而不視夫泚也非
爲人泚中心達於面目蓋歸反虆梩而掩
之掩之誠是也則孝子仁人之掩其親亦
必有道矣徐子以告夷子夷子憮然爲間
曰命之矣故本末差等各有所繇來其所
繇來者則天也不知其所繇來而以爲無
本末差等則老氏與墨氏同道也

凡禮之大體體天地法四時則陰陽順人情故謂之禮訾之者是不知禮之所繇生也夫禮吉凶異道不得相干取之陰陽也喪有四制變而從宜取之四時也有恩有理有節有權取之人情也恩者仁也理者義也節者禮也權者智也仁義禮智人道具矣其恩厚者其服重故爲父斬衰三年以恩制者也門內之治恩揜義門外之治義斷恩資於事父以事君而敬同貴貴尊尊義之大者也故爲君

亦斬衰三年以義制者也

聖人之制禮也因嚴教敬因孝教忠君父相等仁義之極也使君可無三年之服則父亦可無三年之喪使父可無三年之喪則君亦可無一日之服滕定公薨世子謂然友曰昔者孟子嘗與我言於宋於心終不忘今也不幸至於大故吾欲使子問於孟子然後行事然友之鄒問於孟子孟子曰不亦善乎親喪固所自盡也曾子曰生事之以禮死葬之以禮祭之以禮可謂孝矣諸侯之禮吾未之學也雖然吾嘗聞之矣三年之喪齊疏之服飦粥之食自天子達於庶人三代共之然友反命定爲三年之喪父兄百官皆不欲曰吾宗國魯先君莫之行吾先君亦莫之行也至於子之身而反之不可且志曰喪祭從先祖曰吾有所受之也謂然友曰吾它日未嘗學問今

也父兄百官不我足也恐其不能盡於大事子爲我問孟子孟子曰然不可以他求者也孔子曰君薨聽於冢宰歠粥面深墨卽位而哭百官有司莫敢不哀先之也上有好者下必有甚焉者矣君子之德風也小人之德草草上之風必偃是在世子然友反命世子曰是誠在我五月居廬未有命戒百官族人可謂曰知及至葬四方來觀之顏色之戚哭泣之哀弔者大悅故要君非聖非孝之事皆愛敬之不周非盡觀聽者之過也然且聖人猶以亂辟治之所以發生民之眞性存百世之大坊也然則要君何義也謂託君服以要利祿者也託君服以要利祿故君過益彰而親謚益戚子曰事君三違而不出竟則利祿也雖曰不要君吾不信也

資於事父以事母而愛同天無二日土無二

王國無二君家無二主以一治之也故父在

爲母齊衰期者見無二尊也

喪服問曰君爲天子三年夫人如外宗之爲君也世子不爲天子服君夫人皆爲天子服而世子不爲天子服何也曰皆臣也而嫌於爲祖服則不爲服然則君臣之義奪於祖孫者與抑奪於父子者與曰皆奪之也皆奪之則不正其爲君臣者與曰君臣之分自在也爲世子上請於天子而不爲天子服如爲世子者曰其父請之而又迫父故嫌於迫父者也傳曰有從輕而重公子之妻爲其皇姑有從重而輕爲妻之父母有從無服而有服公子之妻爲公子之外兄弟有從有服而無服公子爲其妻之父母然則諸侯世子之於天子爲從有服而無服者與曰近之近於天子有不得

奪之於父者也齊宣王欲短喪公孫丑曰爲朞之喪猶愈於已乎孟子曰是猶或紾其兄之臂子謂之姑徐徐云爾亦教之孝弟而已矣王子有其母死者其傅爲之請數月之喪公孫丑曰若此者何如也曰是欲終之而不可得者也雖加一日愈於已謂夫莫之禁而弗爲者也莫之禁而弗爲則亂也

曾子問曰三年之喪弔乎孔子曰三年之喪練不羣立不旅行君子禮以飾情三年之喪而弔哭不亦虛乎

曾子問曰大功之喪可以與於饋奠之事乎孔子曰豈大功耳自斬衰而下皆可禮也曾子曰不以輕服而重相爲乎孔子曰非此之謂也天子諸侯之喪斬衰者奠大

夫齊衰者奠士則朋友奠不足則取於大功以下者不足則反之曾子問曰小功可以與於祭乎孔子曰何必小功自斬衰而下與祭禮也曾子曰不以輕喪而重祭乎孔子曰天子諸侯之喪祭也不斬衰者不與祭大夫齊衰者與祭士祭不足則取於兄弟大功以下者曾子問曰相識有喪服可以與於祭乎孔子曰緦不祭又何助於人故以身執喪則不親爲饋奠之事爲天子諸侯執喪則有以苴斬之身代爲饋奠者矣君臣父子交相致也然則重服煢然雖相識者不以一弔諸侯天子有事則煢然就其役若是則天子諸侯有所奪於臣下也天子諸侯無所奪於臣下則臣下煢然哭泣之不遑而饋奠之是從日吉凶之不相襲也君宗有事隕越深墨而謀於國老宗老使斬衰齊衰者代其饋奠先公先卿實式靈之何奪之有故大夫有重服不

弔相識士有緦服不入宗廟天子諸侯之喪祭必使有重服服者執事所以廣愛濟敬極精微之至也聖人有作非夫草野易于所得而訾議也

曾子問曰大夫士有私喪可以除之矣而有君服焉其除之也如之何孔子曰有君喪服於身不敢私服又何除焉於是乎有過時而弗除也君之喪服除而后殷祭禮也曾子問曰父母之喪弗除可乎孔子曰先王制禮過時弗舉禮也非弗能勿除也患其過於制也故君子過時不祭禮也

有君之喪則不除父母之喪猶以君之喪
而除父母之喪也夫以君之喪而除父母
之喪則父母之於君無所不絀而謂君有所
不奪於父母何也曰君之喪間値也父母
之哀殤身焉君之喪服除而後殷祭其所
告於父母則必有不同者矣故禮之有喪
服聖人所酌於君父之至也不知有君父
則亦不知有聖人故大亂將至而非聖非
孝要君者比比也

曾子問曰君薨既殯而臣有父母之喪則如
之何孔子曰歸居于家有殷事則之君所朝
夕否曰君既啟而臣有父母之喪則如之何
孔子曰歸哭而反送君曰君未殯而臣有父

母之喪則如之何孔子曰歸殯反於君所有殷事則歸朝夕否大夫室老行事大夫內子有殷事亦之君所朝夕否曰君之喪既引聞父母之喪如之何孔子曰遂既封而歸不俟子曾子又曰父母之喪既引及塗聞君薨如之何孔子曰遂既封改服而往

君父之閒得是五問者則情法事理皆備之矣情法事理四者各不相奪也因重而重因急而急各相其宜而與之適古之聖賢其推究禮意與至如此而後世人臣猶有朝夕趣利生戀其君宛忘其父母釋衰絰以就纓組之事者

子夏問曰三年之喪卒哭金革之事無辟也者禮與初有司與孔子曰夏后氏三年之喪既殯而致事殷人既葬而致事記曰君子不奪人之親亦不奪親也此之謂乎子夏曰金革之事無辟也者非與孔子曰吾聞諸老聃昔者魯公伯禽有爲爲之也今以三年之喪從其利者吾不知也

禮凡見人三年之喪無免絰雖朝於君無免絰惟公門有脫齊衰言夫不杖之齊衰也若斬衰與杖齊衰則皆不入公門傳曰君子不奪人之喪亦不奪喪也又曰辠多

而刑五喪多而服五上附下附例也故君
子苴服而有天刑之心公羊高曰古者臣
有大喪則君三年不呼其門已練可以弁
冕服金革之事君使之非也臣行之禮也
閔子要絰而服事既而曰若此乎古之道
不卽人心退而致仕孔子蓋善之也如閔
子則可謂知禮者矣

子云孝以事君弟以事長示民不貳也故君
子有君不謀仕惟卜之日稱貳君喪父三年
喪君三年示民不疑也父母在不敢有其身
不敢私其財也示民有上下也故天子四海
之內無客禮莫敢爲主焉故君適其臣升自

阼階卽位於堂示民不敢有其室也父母在饋獻不及車馬示民不敢專也以此坊民民猶忘其親而貳其君

是謂以君爲親者也如以親爲君者乎以君爲親不敢有其身以親爲君而欲有其官則亂也或曰天子制四海四海之內不得有其親則是以君臧親也以君臧親猶之以親臧君者也

子云父母在不稱老言孝不言慈閨門之內戲而不歎以此坊民民猶薄於孝而厚於慈

子云祭祀之有尸也宗廟之有主也示民有

事也修宗廟敬祭祀教民追孝也以此坊民
民猶忘其親

薄孝而享孝於慈忘親而急於君則君子無責焉耳君子之無責之何也君親之責有所不至也

右傳十四則　大傳一千四百七十八字　小傳二千九百字

廣要道章第十二

子曰教民親愛莫善於孝教民禮順莫善於悌移風易俗莫善於樂安上治民莫善於禮
禮者敬而已矣故敬其父則子悅敬其兄則弟

悅敬其君則臣悅敬一人而千萬人悅所敬者寡而悅者衆此之謂要道也

孝悌者禮樂之所從出也孝悌之謂性禮樂之爲教因性明教本其自然而至善之用出焉亦曰不敢惡慢而已敢於惡慢人則敢於毀傷人敢於毀傷人則毀傷之者至矣夏書曰民可近不可下又曰予臨兆民凜乎若朽索之馭六馬爲人上者柰何不敬故敬者禮之實也敬而後悅悅而後和和而後樂生焉敬一人而千萬人悅禮樂之本也明主治天下必知其本務而致力之然則帝舜不敬伯鯀以悅神禹仲尼不敬盜跖以悅展季武王不敬辛受以悅微箕何也曰聖人非以敬而貿悅於人也民情多散而爲敬以聚之民情多傲而爲敬以下之雖在刑戮之中而猶有敬意焉

天下之和睦則必繇此也詩曰穆穆文王扵緝熙敬止如文王則可謂知要也

右經第十二章凡八十一字小傳二百五十四字

大傳第十二

孟子曰仁之實事親是也義之實從兄是也智之實知斯二者弗去是也禮之實節文斯二者樂之實樂斯二者樂則生矣生則惡可已也惡可已則不知手之舞之足之蹈之

仁義禮智四者孝弟之萃也孝弟積扵中則仁義禮智發扵外仁義禮智發扵外則鐘鼓管籥從之生矣記曰德者性之端也樂者德之華也金石絲竹樂之器也詩言

其志也歌詠其聲也舞動其容也三者本
於心然後樂器從之是故情深而文明氣
盛而化神和順積中而英華發外致其所
繇未有不因教而成者故孝與教同旨也
記曰禮之於正國也猶衡之於輕重也繩墨
之於曲直也規矩之於方圓也故衡誠懸不
可欺以輕重繩墨誠陳不可欺以曲直規矩
誠設不可欺以方圓君子審禮不可欺以奸
詐是故隆禮繇禮謂之有方之士不隆禮不
繇禮謂之無方之民敬讓之道也故以奉宗
廟則敬以入朝廷則貴賤有位以處室家則

父子親兄弟和以處鄉里則長幼有序孔子曰安上治民莫善於禮此之謂也

讓者禮之實也孝弟者讓之實也不孝弟則不仁不仁則不讓不讓則禮爲虛設矣傳曰弦歌干揚樂之末也故童者舞之尊俎籩豆禮之末也故有司掌之爲治而不以仁讓行其孝弟雖繇禮無益也然且君子貴之貴其繇禮以遠於不繇禮者也故曰禮記者孝經之傳註也如安上治民之論與家至日見之説是也

故朝覲之禮所以明君臣之義也聘問之禮所以使諸侯相尊敬也喪祭之禮所以明臣子之恩也鄉飲酒之禮所以明長幼之序也

昏姻之禮所以明男女之別也夫禮禁亂之所繇生猶坊止水之所自來也故以舊坊爲無所用而壞之者必有水敗以舊禮爲無所用而去之者必有亂患

禁亂去患無它亦曰敬而已敬而後和和而後悅悅而後萬國之懽心可聚也故郊祀禘嘗耕藉視學養老選射六者禮之至微者也朝覲聘問喪祭鄉飲酒六者禮之至著也以其微者通於賢士大夫以其著者通於遐方殊俗而後天下共懽邦家無怨故雖在一室之內而有郊祀之意焉豫順之謂也能敬而後豫繇禮而後悅先王所作樂崇德殷薦上帝以配祖考則亦謂此也

故昏姻之禮廢則夫婦之道苦而淫辟之罪多矣鄉飲酒之禮廢則長幼之序失而爭鬬之獄繁矣喪祭之禮廢則臣子之恩薄而倍死忘生者衆矣聘覲之禮廢則君臣之位失而倍畔侵陵之敗起矣故禮之教化也微其止邪也於未形使人日徙善遠罪而不自知也是以先王隆之也

止邪之道無它亦曰敬而已矣不敢遺小國之臣而後得之公侯伯子男不敢侮於鰥寡而後得於士民不敢失於臣妾而後得於妻子凡患亂之生始於不敬不敬之

生始於臣妾鰥寡小國之臣故十二禮者
皆所以章敬於臣妾鰥寡之義也臣妾鰥
寡以爲不敬則郊祀祖考亦無所致其敬
矣詩曰敬之敬之天惟顯思是之謂也

古者聖王重冠古者冠禮筮日筮賓所以敬
冠事敬冠事所以重禮重禮所以爲國本也
故冠於阼以著代也醮於客位三加彌尊加
有成也已冠而字之成人之道也見於母母
拜之見於兄弟兄弟拜之成人而與爲禮也
玄冠玄端奠摯於君遂以摯見於卿大夫鄉
先生以成人見也成人之者將責成人禮也

責成人禮焉者將責爲人子爲人弟爲人臣爲人少者之禮行焉將責四者之行於人其禮可不重與故孝弟忠順之行立而後可以爲人可以爲人而後可以治人也

孝弟忠順者何也敬而已矣敬以爲孝弟則無所不忠順也不敬而曰吾孝弟忠順孰信之趙文子冠遍見於諸大夫三部之言不順張老非之以三郤爲失孝弟之意者也孝弟不著於中國而下車趨風自爲知禮者亦畔亂之道也

昏禮者將合二姓之好上以事宗廟而下以繼後世也故君子重之是以昏禮納采問名

納吉納徵請期皆主人筵几於廟拜迎於門外入揖讓而升聽命於廟所以敬慎重正也敬慎重正而後親之所以成男女之別立夫婦之義也男女有別而後夫婦有義夫婦有義而後父子有親父子有親而後君臣有正故曰昏禮者禮之本也

冠與昏孰重曰昏重然則冠之先於昏何也曰冠而後昏之猶父而後子之也君有不先命於父臣有不先命於子故父命而冠猶父命而昏之也君臣之所未致也

父親醮子而命之迎子承命以迎主人筵几

於廟而拜迎于門外壻執鴈入揖讓升堂再
拜奠鴈蓋親受之於父母也降出御婦車而
壻授綏御輪三周先俟于門外揖婦以入共
牢而食合巹而酳所以合體同尊卑以親之
也夙興婦沐浴以俟見質明贊見婦於舅姑
婦執笲棗栗段修以見贊醴婦婦祭脯醢祭
醴成婦禮也舅姑入室婦以特豚饋明婦順
也厥明舅姑共饗婦以一獻之禮奠酬舅姑
先降自西階婦降自阼階以著代也成婦禮

明婦順又申之以著代所以重責婦順也婦順者順於舅姑和於室人而後當於夫以成絲麻布帛之事以審守委積蓋藏是故婦順備而後內和理內和理而後家可長久也

家之理始於婦國之理始於后夫人婦妃后不順而能順於天下未之有也故曰婦本順者也關雎鵲巢乾坤咸恆皆以教順順始於敬不敬未有能順者也內則曰適子庶子祇事宗子宗婦雖貴富不敢以貴富入宗子之家雖衆車徒舍於外以寡納入子弟歸器衣服裘衾車馬必獻其上而後敢服用其大也若非所獻則不敢以入於宗子之門不敢以貴富加於父兄宗族是所以教弟也教弟而後能孝能孝而後

能順未有不教弟而能順者也

鄉飲酒之義主人拜迎賓於庠門之外三揖而後至階三讓而後升所以致尊讓也盥洗揚觶所以致潔也拜至拜洗拜受拜送拜既所以致敬也尊讓潔敬者君子之所以相接也君子尊讓則不爭絜敬則不慢不慢不爭則遠於鬬辨矣不鬬辨則無暴亂之旤矣

又曰尊於房戶之間賓主共之也尊有玄酒貴其質也羞出自東房主人共之也洗當東榮主人所自潔以事賓也賓主象天地也介僎象陰陽也三賓象三光也讓之

三也象月之三日而成魄也四面之坐象四時也天地嚴凝之氣始於西南而盛於西北此天地之尊嚴氣也此天地之義氣也天地溫厚之氣始于東北而盛于東南此天地之盛德氣也此天地之仁氣也主人尊賓故坐賓于西北坐介于西南以輔賓賓者接人以義者也故坐于西北主人者接人以仁以德厚者也故坐于東南而坐僎於東北以輔主人也又曰祭薦祭酒敬禮也嚌肺嘗禮也啐酒成禮也于席末言是席之正非專爲飲食也爲行禮也此所以貴禮而賤財也卒觶致實于西階上言是席之上非專爲飲食也此先禮而後財之義也又曰鄉飲酒之禮六十者三豆七十者四豆八十者五豆九十六豆所以明養老也民知尊長養老而後能入孝弟民入孝弟出尊長養老而後成教成教而後可安也

鄉飲酒之義立賓以象天立主以象地設介
僎以象日月立三賓以象三光古之制禮也
經之以天地紀之以日月參之以三光政教
之本也烹狗於東方祖陽氣之發於東方也
洗之在阼其水在洗東祖天地之左海也尊
有玄酒教民不忘本也賓必南鄉介必東鄉
主人必居東方東方者春春之爲言蠢也產
萬物者也月者三日則成魄三月則成時是
以禮有三讓建國必立三卿三賓者政教之

本禮之大參也

四位參中或者謂是獻酬之禮也獻酬之禮則不空言賓南鄉則不空言天子立中爲主介僎皆天子使之天子始視饗之禮也則古者未之講也然得其意以爲教敬教讓使民作孝弟者則必於是始也

古者諸侯之射也必先行燕禮卿大夫之射也必先行鄉飲酒之禮故燕禮者所以明君臣之義也鄉飲酒之禮者所以明長幼之序也故射者進退周旋必中禮內志正外體直然後持弓審固持弓審固然後可以言中

此可以觀德行矣其節天子以騶虞諸侯以貍首卿大夫以采蘋士以采蘩騶虞者樂官備也貍首者樂會時也采蘋者樂循法也采蘩者樂不失職也故天子以備官爲節諸侯以時會天子爲節卿大夫以循法爲節士以不失職爲節故明乎其節之志以不失其事故功成而德行立德行立則無暴亂之禍矣功成而國安故曰射者所以觀盛德也人心喜競射者以競而勸[illegible]故人心喜玩射者以玩而教敬内志[illegible]以教敬序賢

序不侮所以教讓也故以德行爲功者射之謂也

古者天子以射選諸侯卿大夫士射者男子之事也因而飾之以禮樂也故事之盡禮樂而可數爲以立德行者莫若射故聖王務焉

古者天子之制諸侯歲獻貢士於天子天子試之於射宮其容體比於禮其節比於樂而中多者得與於祭其容體不比於禮其節不比於樂而中少者不與於祭數與於祭而君有慶數不與於祭而君有讓數有慶而益地

數有讓而削地故曰射者射爲諸侯也此天子所以養諸侯兵不用而諸侯自爲正之具也

又曰爲人父者以爲父鵠爲人子者以爲子鵠爲人君者以爲君鵠爲人臣者以爲臣鵠故射者各射己之鵠射之爲言繹也或曰舍也繹者各繹己之志詩曰扵繹思

又曰舍命不渝蓋言射也賁軍之將亡國之大夫與爲人後者不得在此位也所以正志直體審固扵德行之始也德行不審固而曰吾能弓矢則君子不取也

天子制諸侯比年小聘三年大聘相厲以禮使者聘而誤主君弗親饗食也所以愧厲之

也諸侯相厲以禮則外不相侵內不相陵此天子所以養諸侯兵不用而諸侯自爲正之具也以圭璋聘重禮也已聘而還圭璋此輕財而重禮之義也諸侯相厲以輕財重禮則民作讓矣

聘射之禮至大禮也質明而始行事日幾中而後禮成非強有力者弗能行也故強有力者將以行禮也酒清人渴而不敢飲也肉乾人飢而不敢食也日莫人倦齊莊正齊而不

敢解惰以成禮節以正君臣以親父子以和長幼此衆人所難而君子行之故謂之有行有行之謂有義有義之謂勇敢故所貴扵勇敢者謂其能立義也所貴立義者謂其有行也所貴有行者謂其行禮也故貴勇敢者貴其敢行禮義也勇敢强有力者天下無事則用之扵禮義天下有事則用之扵戰勝用之扵戰勝則無敵用之扵禮義則順治外無敵内順治此之謂盛德

冠婚燕射朝聘鄉飲酒喪祭此八者移風易俗安上治民之路也然而聖人之意常在於臨雍養老臨雍養老則天下之父子兄弟皆有所勸其所以勸者謂天子所致敬在爵賞慶譽之外也天子不能遍敬天下之父老又不能使尚齒之義獨據於德爵之上故必合八者而行之使三達之義本於一敬使天下之強有力者不得與三達爭馳蓋自其舞象成童時服習已如此矣故天下之血氣平筋力柔而畔亂犯上者不作也詩曰無競維人四方其訓之有覺德行四國順之言夫孝弟者天子所以訓順也以敬訓順是之爲要道也

右傳十三則 大傳一千九百五十三字 小傳一千六百三十一字

廣至德章第十三

子曰君子之教也非家至而日見之也教以孝所以敬天下之爲人父者也教以弟所以敬天下之爲人兄者也教以臣所以敬天下之爲人君者也 首句君子之教以孝也去以孝二字

詩云愷悌君子民之父母非至德孰能順民如此其大者乎

愛人者不敢惡於人敬人者不敢慢於人君子之不敢惡慢於人非獨爲其父兄也臣妾妻子猶且敬之要其本性立教則必自父兄始也自父兄始者所以師天下子弟而君之猶其子弟也以子弟之天也天悅天下之子弟以子弟之君敬天下之父

兄其事不煩而其本至一故有父之尊有母之親有師之嚴有兄之友而又有天之神焉是天之所以立君也天之立君以教天下如其生殺則雨露霜霆天且優爲之也惟是冠婚喪祭禮樂之務非天子不能總其家政故天以爲家帥其子弟而寄家令焉書曰作之君作之師惟其克相上帝又曰元后作民父母是之謂也

右經第十三章凡八十字小傳二百十字

大傳第十三

君子之所謂孝者非家至而日見之也合諸鄉射教之鄉飲酒之禮而孝弟之行立矣孔子曰吾觀於鄉而知王道之易易也至人親

速賓及介而衆賓從之至於門外主人拜賓及介而衆賓自入貴賤之義別矣三揖至於階三讓以賓升拜至獻酬辭讓之節繁及介省矣至於衆賓升受坐祭立飲不酢而降隆殺之義辨矣工入升歌三終主人獻之笙入三終主人獻之間歌三終合樂三終工告樂備遂出一人揚觶乃立司正焉知其能和樂而不流也賓酬主人主人酬介介酬衆賓少長以齒終於沃洗者焉知其能弟長而無遺

矣降說屨升坐修爵無數飲酒之節朝不廢朝莫不廢夕賓出主人拜送節文終遂焉知其能燕安而不亂也貴賤明隆殺辨和樂而不流弟長而無遺安燕而不亂此五行者足以正身安國矣國安而天下安故曰吾觀於鄉而知王道之易易也

順天下者順天下之性因順而利導之猶水之就下也靜居寂觀主一無適以是語敬則小民不能必使子敬其父弟敬其兄臣敬其君則人人知之人人能之易曰易知則可親易從則有功易知易從亦其天性然也孟子曰道在爾而求諸遠事在易

而求諸難人人親其親長其長而天下平是之謂也

仲尼曰昔者周公攝政踐阼而治抗世子法於伯禽所以善成王也成王幼不能涖阼以爲世子則無爲也是故抗世子法於伯禽使之與成王居欲令成王之知父子君臣長幼之義也君之於世子也親則父也尊則君也有父之親有君之尊然後兼天下而有之是故養世子不可不慎也行一物而三善皆得者唯世子而已其齒於學之謂也故世子齒

於學國人觀之曰將君我而與我齒讓何也曰有父在則禮然然而衆知父子之道矣其二曰將君我而與我齒讓何也曰有君在則禮然然而衆著于君臣之義也其三曰將君我而與我齒讓何也曰長長也然而衆知長幼之節矣故父在斯爲子君在斯爲之臣君子與臣之節所以尊君親親也故學之爲父子焉學之爲君臣焉學之爲長幼焉君臣父子長幼之道得而國治語曰樂正司業父師

司成一有元良萬邦以貞教世子之謂也

古之教者不煩而治與其敬一人而千萬人悅不如教一人而千萬人聽之至也教一人而千萬人聽者其道莫若教胄子教胄子莫如齒讓胄子齒讓而天下大治治天下之道易簡若此而卒莫之行者驕貴之習成而教養之方失也賈生曰古之王者太子初生固舉以禮使士負之有司齋肅端冕見之南郊見于天也過闕則下過廟則趨孝子之道也故自爲赤子時教固已行矣昔者周成王幼在襁褓之中召公爲太保周公爲太傅太公爲太師保保其身體傅傅之德義師道之教訓此三公之職也於是爲置三少皆上大夫也曰少保少傅少師是與太子燕居者也故孩提有識三公三少固明孝仁禮義以道習之逐去邪人不使見惡行於是皆選天下之端

士孝弟博聞有道術者以衛翼之使與太
子起居出入故太子初生而見正事聞正
言行正道左右前後皆正人也習與正人
居之不能無正也猶生長於齊之不能不
齊言也習與不正人居之不能毋不正也
猶生長於楚之不能不楚言也故擇其所
嗜必先受業乃得嘗之擇其所樂必先有
習乃得爲之孔子曰少成若天性習慣如
自然是殷周所以長有道也殷周之所長
有道者無它曰親親君君長長三者而已
人君以是三者教其胄子胄子以是三者
君長天下咸本一敬不敢有侮其臣妾之
心記曰有君民之大德有下民之小心詩
曰維此文王小心翼翼翼翼是之謂也
凡學世子及學士必時春夏學干戈秋冬學
羽籥皆於東序小樂正學干大胥贊之籥師

學戈籥師丞贊之胥鼓南春誦夏弦太師詔之瞽宗秋學禮執禮者詔之冬讀書典書者詔之禮在瞽宗書在上庠凡祭與養老乞言合語之禮皆小樂正詔之扵東序大樂正學舞干戚語說命乞言皆大樂正授數大司成論說在東序凡侍坐扵大司成者遠近間三席可以問終則負墻列事未盡不問凡學春官釋奠于其先師秋冬亦如之凡始立學者必釋奠于先聖先師及行事必以幣凡釋奠

者必有合也有國故則否凡大合樂必遂養

老

言養老則亦養幼矣養老養幼皆在東序東序者萬物之所以生也然則貫華道息虎賁說劍而又冕而總干學舞干戚何也曰禮樂者治亂所繇終始也治亂之終始則無張弛也敬者干也詩書絃誦羽籥戈存於敬肆不存於文武文武有張弛敬肆戚之所繇合也以天子之尊而親總干戚以世子之貴而躬學絃誦所以教爲人子爲人弟爲人臣所撥亂致治之道也然則是獨大武然耳自五帝而上有行之乎曰弧矢與而教射射御與而干戚皆備矣故詩書干戚自上世而有也不在文武之後也在文武之後則唐虞以前無有明試者矣故禮樂之飾與孝弟俱始也

昔者有虞氏貴德而尚齒夏后氏貴爵而尚齒殷人貴富而尚齒周人貴親而尚齒虞夏殷周天下之盛王也未有遺年者年之貴乎天下久矣次乎事親者也是故朝廷同爵則尚齒七十杖於朝君問則席八十不俟朝君命則就之而弟達乎朝廷矣行肩而不併不錯則隨見老者則車徒辟斑白者不以任而弟達乎道路矣居鄉以齒老窮不遺強不犯弱衆不暴寡而弟達乎州巷矣古之道五十

不爲甸徒頒禽隆諸長者而弟達乎獀狩矣軍旅什伍同爵則尚齒而弟達乎軍旅矣孝弟發諸朝廷行乎道路至乎州巷放乎獀狩修乎軍旅衆以義死之而弗敢犯也

若是則皆以教悌也而謂之教孝教臣者何也曰孝弟皆順也順者敬也以敬教天下無有不順者矣詩曰豈弟君子民之父母猶是言弟也而父母之道備焉故謂之教弟也然則天下有道其自五十而上者多矣聖人皆以老敬之賞以之隆罰以之殺則是有所不治也曰賞罰者孝弟之流委也聖人治原衆人治委

祀乎明堂所以教諸侯之孝也食三老五叟

於太學所以教諸侯之弟也祀先賢於西學所以教諸侯之德也耕籍所以教諸侯之養也朝覲所以教諸侯之臣也五者天下之大教也食三老五叟於太學天子袒而割牲執醬而饋執爵而酳冕而總干以教諸侯之弟也是故鄉里有齒而老窮不遺強不犯弱衆不暴寡此繇太學來者也

五教而歸於太學五禮而歸於養老故禮教之有養老猶六府之有嘉穀也養老之禮廢而教子教弟教臣三教者無所致其敬記曰顏回尚三教不養老而三教無所

措雖夫子爲政仲繇佐之施其車裘無益於老幼也

天子設四學當入學而太子齒天子巡守諸侯待于竟天子先見百年者八十九十者東行西行者弗敢過也西行東行者弗敢過欲言政者君就之可也一命齒于鄉里再命齒于族三命不齒族有七十者弗敢先七十者不有大故不入朝若有大故而入君必與之揖讓而後及爵者

此猶參用三代之禮也古之天子將釋奠於先聖必先釋奠於先老故釋奠而舍先

老非禮也然則天子視學世子齒冑天子養老乞言世子皆在焉其禮如何曰未之睹也天子視學世子齒冑蓋猶之分舉也天子視學則君爲政釋奠憲乞合養天子主之所以明有君也世子齒冑則師爲政釋菜舞象弦誦皆司成樂正主之禮無生而貴者其在於君則臣也其在於師則弟子也然則視學齒冑禮不并舉則爲世子不見憲乞之禮與曰君行則世子居於宮中天子之禮樂未敢舉也以爲蛾術則猶之離經辨志也然則每視學則諸禮皆舉與記曰凡天子釋奠則皆養老或憲或乞則三代殊等也然則四學各別其禮何也學禮曰帝入東學上親而貴仁則親親有序而恩相及矣帝入南學上齒而貴信則長幼有序而民不誣矣帝入西學上賢而貴德則賢智在位而功不遺矣帝入北學上貴而尊爵則貴賤有等而下不踰矣帝

入太學承師問道退習而考扵大傅罰其不則匡其不及則德智長而道理得矣是蓋有不養老者也然而同親以齒同爵以齒則猶之老老也故老老者治之至要也

子言之父之親子也親賢而下無能母之親子也賢則親之無能則憐之母親而不尊父尊而不親水之扵民也親而不尊火尊而不親土之扵民也親而不尊天尊而不親命之扵民也親而不尊鬼尊而不親詩云豈弟君子民之父母豈以強教之弟以說安之樂而毋荒有禮而親威莊而安孝慈而敬使民有

父之尊有母之親如此而後可以爲民父母矣非至德其孰能如此乎

至德莫若順至順莫若敬敬者得天順者得地敬順合而成化道德合而成治雝五帝而上繇此矣然則曰至孝近王至悌近霸何也曰至孝者郊祀禘嘗之務也至弟者齒胄養老之務也有父母而後有兄弟有天子而後有諸侯有王而後有霸自天子以至於庶人未有不繇敬而順繇不敬而亂者孟子曰以德行仁者王以力假仁者霸仁可假孝不可假孝可假敬不可假世未有假父母以取順於其子姓者也

右傳七則 大傳一千三百十字 小傳一千五百六十二字

孝經集傳卷之四

經筵日講官詹事府少詹事協理府事兼翰林院侍讀學士臣黃道周謹輯

廣揚名章第十四

子曰君子之事親孝故忠可移扵君事兄悌故順可移扵長居家理故治可移扵官是以行成扵內而名立扵後世矣

君子之立行非以爲名也然而行立則名從之矣事親孝事兄悌居家理此三者修扵實而無其名事君忠事長順居官治此三者有其實而名應之詩曰文王有聲遹駿有聲周公之告召公曰丕單稱德皆不諱名也而今之君子則必以名爲諱故孝

弟衰而忠順息居家不理治官無狀而猥
亨爵祿者衆也

右經第十四章 凡四十五字 小傳一百十八字

大傳第十四

傳曰所謂治國在齊其家者其家不可教而能教人者無之故君子不出家而成教於國孝者所以事君也弟者所以事長也慈者所以使衆也康誥曰如保赤子心誠求之雖不中不遠矣未有學養子而後嫁者也一家仁一國興仁一家讓一國興讓一人貪戾一國

作亂其機如此此謂一言僨事一人定國堯
舜帥天下以仁而民從之桀紂帥天下以暴
而民從之其所令反其所好而民不從是故
君子有諸己而後求諸人無諸己而後非諸
人所藏乎身不恕而能喻諸人者未之有也
故治國在齊其家詩云桃之夭夭其葉蓁蓁
之子于歸宜其家人宜其家人而後可以教
國人詩云宜兄宜弟宜兄宜弟而後可以教
國人詩云其儀不忒正是四國其爲父子兄

弟足法而後民法之也此謂治國在齊其家

宜其家人可以語孝乎語曰孝哀於妻子使孝不哀於妻子則亦可以語孝矣其儀不忒可以語孝乎記曰有和氣必有愉色有愉色必有婉容愉色惋容可以稱儀矣然則移孝移忠移治移之何義也曰是先後之序也君子之爲治也治其本而後正其末正其不移者而後其移之皆其也一家仁讓一國仁讓仁讓滿國不歉於家何移之有然則君子成教於家傳之後世法之天下其亦謂名與曰堯舜者孝弟之名也孟子曰徐行後長者謂之弟疾行先長者謂之不弟夫徐行者豈人所不能哉所不爲耳堯舜之道孝弟而已矣繇孝弟而行仁義繇仁義而名堯舜堯舜有後世之名堯舜亦有所不辭也然則其當世無名者何盜有之矣民無得而稱焉

曾子曰君子立孝其忠之用禮之貴故爲人
子不能孝其父者不敢言人父不能畜其子
者爲人弟不能承其兄者不敢言人兄不能
順其弟者爲人臣不能事其君者不敢言人
君不能使其臣者也故與父言畜子與子言
孝父與兄言順弟與弟言承兄與君言使臣
與臣言事君是故未有君而忠臣可知者孝
子之謂也未有長而順下可知者弟弟之謂
也未有治而能仕可知者先修之謂也故曰

孝子善事君弟弟善事長君子一孝一悌可謂知終矣

一家之老達於天子一市之邑通於天下未有治而能仕可知者無它亦曰孝弟而已季康子問使民敬忠以勸如之何子曰臨之以莊則敬孝慈則忠舉善而教不能則勸臨之以莊君臣之義也孝慈則忠父子之道也舉善而教不能兄師之務也合是三者亦可以治天下矣書曰始于家邦終于四海君子知終是之謂也

曾子曰君子爲小循爲大也居循仕也備則未爲備也而勿慮存焉事父可以事君事兄可以事師長使子循使臣也使弟循使承嗣

也能取朋友者亦能取所與從政者矣賜與與其宮室亦猶慶賞於國也忿怒其臣妾亦猶用刑罰於萬民也是故為善必自內始也內人怨之雖外人亦不能立也

行成於內是之謂也君子之有內行者必有外治非以為名其所勿慮者然也忿怒其臣妾猶刑罰於萬民言其毀傷之有不敢也而不知者以是為詬厲則是以妻子臣妾為百姓徒役也以妻子臣妾比於百姓徒役而家能治者未之有也

曾子曰君子之於子也愛而勿面也使而勿貌也導之以道而勿強也宮中雍雍外焉肅

肅兄弟偲偲朋友切切遠者以貌近者以情友以立其所能而遠其所不能苟無失其所守亦可與終身矣

孝經之言皆未有及於朋友者而曾子每言朋友何也朋友者兄弟之推也行弗信於兄弟則亦弗信於朋友矣然則君子之於子導而弗強何也曰強則傷恩然則君子之於民導而復強之乎曰民性本順順而利導之何強之有詩曰順帝之則

賈生曰事君之道不過於事父故不肖者之事父也不可以事君事長之道不過於事兄故不肖者之事兄也不可以事長使下之道不過於使弟故不肖者之使弟也不可以使下交接之道不過於爲身故不肖者之爲身也不可以接友慈民之道不

過於慈其子故不肖者之愛子不可以慈民居家之道不過於居家故不肖者之於家也不可以居官夫道者行之於父則行之於君矣行之於兄則行之於長矣行之於弟則行之於下矣行之於身則行之於友矣行之於子則行之於民矣行之於家則行之於官矣甚矣賈生之言似曾子也

記曰君子有三患未之聞患弗得聞也既聞之患弗得學也既學之患弗得行也君子有五恥居其位而無其言君子恥之有其言而無其行君子恥之既得之而又失之君子恥之地有餘而民不足君子恥之衆均而寡倍

焉君子耻之

是猶曾氏之言也然則名不立於後世君子不耻之何也曰行不成於内則君子耻之沒世無稱則是君子之所疾也曾子曰華繁而實寡者天也言多而行寡者人也夫多華言而寡實行即其妻子臣妾猶且耻之而况於君子乎

曾子曰君子無悒悒於貧無勿勿於賤無憚憚於不聞布衣不完蔬食不飽蓬戶穴牖日孜孜上仁知我吾無訢訢不知我吾無悒悒是以君子直言直行不宛言而取富不屈行而取位畏之見逐智之見殺固不難詘身而

爲不仁宛言而爲不智則君子弗爲也

畏之見遂智之見發可以謂孝乎曰孝務於忠而孝始哀孝之始哀者何也曰直者孝之所不貴也父無發遂而君有發遂君而父之父而君之發遂相半也而孝與直勢不得半故孝之貴順也順而不可則君子自隕焉毋以發遂成君父之名然則曾子之言此者何也惡夫世之苟富貴以敗名於外惰行於內者也

曾子曰君子以仁爲尊天下之爲富天下之爲貴何爲富則仁爲富也何爲貴則仁爲貴也昔者舜匹夫也土地之厚得而有之人徒之衆得而使之舜惟仁以得之也是故君子

脫富貴必勉於仁也昔者伯夷叔齊死於溝澮之間其名成於天下夫二子者居河濟之間非有土地之殖貨粟之富也言爲文章行爲表綴於天下是故君子思仁義晝則忘食夜則忘味日旦就業夕而自省以役其身亦可謂守業矣

守業者可以成名乎成名者無業仁之爲業孝之爲業守業之意不在於成名也自舜夷齊以來修孝修弟以治官者多矣而未有傳者顏閔孟曾未以忠順治官稱也而其名獨聞故以忠順治官爲可法於天下可傳於後世者則夷齊之沒久矣然則

夷齊絶祀可以爲孝乎曰移而作忠兄弟偕亡可以爲弟乎曰移而教順不比於十夫可以治官乎曰移理以清然則泰伯虞仲可以治官乎曰治於荆蠻變於吳越何不可治官之有然則自舜以來未有若夷齊泰伯虞仲之仁者也子曰富與貴是人之所欲也不以其道得之不處也貧與賤是人之所惡也不以其道得之不去也君子去仁惡乎成名君子無終食之間違仁造次必於是顛沛必於是

右傳七則 大傳九百八十二字 小傳一千一百五十二字

諫諍章第十五

曾子曰若夫慈愛恭敬安親揚名則聞命矣敢問子從父之令可謂孝乎

子曰是何言與是何言與昔者天子有爭臣七人雖無道不失其天下諸侯有爭臣五人雖無道不失其國大夫有爭臣三人雖無道不失其家士有爭友則身不離於令名父有爭子則身不陷於不義故當不義則子不可以不爭於父臣不可以不爭於君故當不義則爭之從父之令又焉得爲孝乎

古之爲禮者未有諫諍之禮也史爲書瞽誦詩士箴諫大夫規誨士傳言官師相規工執藝事然而記禮者未之取也取其揚觶者則猶諸侯卿大夫之禮也然則易有

之乎曰納約巻遇是亦未之有也然則春秋有之乎曰濫淵祈招春秋未之書也書錄泄冶未知其何以死也然則書有之乎五子之歌則猶之誦詩也微子王子私討焉耳然則古皆未有諫諍之禮也孟子曰有故而去反覆而不聽則去是近於禮矣然而未顯則猶是鄰國之事也賈生曰太子既冠成人免於保傅之嚴則有司過之史撤膳之宰天子有過史必書之史之義不得書過則死宰必撤之宰之義不得撤膳則死是則可謂諫諍之禮矣然猶是史宰之事也天下之司諫者獨史宰乎伊訓曰臣下不匡其刑墨易曰鼎折足覆公餗其刑剭剭與墨皆刑也禮失而後入於刑入於刑則禮可不設矣夫爲領臣之子則亦猶此乎

然則君父皆聖明者也而亦有不義何也曰聖明之過不裁于義則亦有不義者矣

裁而後顯之裁而後安之然則顯親之與
安親有別乎曰安親者當日之事顯親者
異日之事也劉生曰王臣蹇蹇匪躬之故
人臣所蹇蹇爲難而諫其君者非爲身也
將欲以匡君之過矯君之失也君有過失
危亡之萌也見君之過失而不諫是輕君
之危亡也輕君之危亡忠臣不忍爲也三
諫不用則去不去則身亡身亡者仁人所
不爲也是故諫有五一曰正諫二曰降諫
三曰忠諫四曰戇諫五曰諷諫孔子曰吾
其從諷諫矣乎夫不諫則危君諫則危身
與其危君寧危身危身而不用則諫亦無
功矣智者度君權時調其緩急而處其宜
上不以危君下不以危身故在國而國不
危在身而身不殆昔陳靈公不聽泄冶之
諫而殺之曹羈三諫曹君不聽而去春秋
序義雖俱賢而曹羈合禮
然則臣可去也子不可去也去而無所逃

則若何伋壽之乘舟申生之守共則孰爲
義乎皆義也然則古有子諫其父者無有
乎曰未之有也周子晉之諫靈王也曰無
底抎厥敗然而巳細猶之無諫也則是子
未有正諫者也然則曾子鋤瓜而傷其根
是亦譎諫與曰是譎諫也倚門之歌是爲
捐本捐本傷根其實不延以曾晳之達也
而不可以諷或非其事也不然則過在曾
子子言之君子弛其親之過而敬其美曾
晳之美是以蔽過矣而曾子猶歉然喻親
之未能故諫者孝子所不諱也

右經第十五章 凡一百四十三字
小傳七百六十四字

大傳第十五

子曰事父母幾諫見志不從又敬不違勞而

不怨

冢子可以諫乎冢子而諫不如少子之信也然難乎其爲子則亦難乎其爲弟矣幾微也微諫則猶之乎未諫也微諫之可以諫者何也曰愛也敬也致敬而誠致愛而勤因性而救志則亦可以正志矣然且不如未諫之信也與夫未諫之順也

傳曰父毋有過下氣怡色柔聲以諫諫若不入起敬起孝說則復諫與其得罪於鄉黨州閭寧熟諫父毋毋怒不說撻之流血不敢疾怨起敬起孝夫以得罪於鄉黨州閭爲大於天下者乎何志之篤也

記曰爲人臣之禮不顯諫三諫而不聽則逃之子之事親也三諫不聽則號泣而隨之

是禮也何其反也人臣而不顯諫則是臣而用子之幾也人子而至於號泣則是子而用臣之顯也臣而用子之幾則隱子而用臣之顯則亂矣然且用之何也則亦各視其主也又視其事夫其主事而不可以顯諫則臣子共隱未爲過也

曾子曰君子之孝也忠愛以敬反是亂也盡力而有禮莊敬而安之微諫而不倦聽從而不怠懽欣忠信咎故不生可謂孝矣盡力無禮則小人也致敬而不忠則不入也是故禮以將其力敬以入其忠飲食移味居處溫愉著心於此濟其志也

飲食居處孝子之所著濟也不著其物不濟其志譬祁甘雨者舍其汙暴則亦無以得甘雨矣人臣之諫其君必其職業治官守理盜賊不生瑕釁不作又值其閒暇意和氣柔而後申說之無不濟者故濟志者心之有其具也非夫言說之謂也詩曰既醉旣飽小大稽首神嗜飲食使君壽考

曾子曰君子之孝也以正致諫士之孝也以德從命庶人之孝也以力惡食

以正致諫惡在其幾諫也曰以理則正以辭則幾夫猶之幾諫也而謂之正諫者示諫之爲正也夫以不諫爲正則君無復正臣父無復正子矣君無復正臣父無復正子則是君可以殺其臣父可以殺其子也君臣父子相尋於殺則其犯亂不自諫始

也故以諫爲近於犯亂者曾子之初教也以諫爲正教者曾子之自救也曾子之自救不如其初教之順也然則君子之道異於士乎曰以爲子則何異之有危哉其以君子爲異於士者也詩曰毋俾正反王欲玉女是用大諫藎臣之道也

曾子曰父母愛之嘉而不忘父母惡之懼而無怨父母有過諫而不逆父母既歿必求仁者之粟而祀之此之謂禮終

諫而不逆則猶之不敢正諫也父之與君則必有間矣而猶且紆廻者惡其直遂之無以明愛也且無以明敬敬者道之近文者也然則中田號泣之爲不文乎曰號泣不可以隨而隨之中田則亦近於文也然則無田不祭孝子親歿亦可以仕乎曰仕

而得仁人之粟則仕仕而不可得仁人之
粟則亦不仕也詩曰好是稼穡力民代食
稼穡維寶代食維好是子路曾子之所共
歎也
單居離問於曾子曰事父母有道乎曾子曰
有愛而敬父母之行若中道則從若不中道
則諫諫而不用行之如繇己從而不諫非孝
也諫而不從亦非孝也孝子之諫達善而不
敢爭辨爭辨者作亂之所繇興也繇己爲無
咎則寧繇己爲賢人則亂孝子無私樂孝子
無私憂父母所憂憂之父母所樂樂之孝子

惟巧變故父母安之若夫坐如尸立如齋弗訊不言言必齋色此成人之善者也未得爲人子之道也

有子曰其爲人也孝弟而好犯上者鮮矣不好犯上而好作亂者未之有也諫則近於犯上諫而爭辨則近於作亂臣子而爲賢人所以敗亡乎故與其爲賢人不如其爲孝子弟弟也是聖賢之隱情也然則巧變者何也巧變者嬰孩之所貴也嬰孩之所貴父母亦貴之父母之憂樂與嬰孩比也因諫違善反於嬰孩之爲孝術

單居離問曰事兄有道乎曾子曰有尊事之以爲己望也兄事之不遺其言兄之行若中

道則兄事之兄之行若不中道則養之養之
内不養扵外則越也養之外不養扵内則疏
之也是故君子内外養之也

孟子曰中也養不中也養不才故人樂
有賢父兄也養者父兄之道而使弟行之
何也曰養者犬馬之能則猶是犬馬自與
也犬馬之報主也見其親則親之煦沫相
就若奉焉耳然則弟無諫其兄者乎曰無
之怡怡之言則猶比扵無諫也

單居離問曰使弟有道乎曾子曰有嘉事不
失時也弟之行若中道則正以使之弟之行
若不中道則兄事之絀事兄之道若不可然

後舍之矣

不諫而兄事之可謂禮乎曰禮也敬先人之肢體以使其自反也使其不自反則遠扵先人之志遠扵先人之志則遠扵先人之體矣然則兄弟之不強諫何也曰兄弟猶有父母之意焉父母之恩通扵兄弟君臣之義通扵朋友

右傳八則 大傳五百十七字 小傳一千十一字

感應章第十六

子曰昔者明王事父孝故事天明事母孝故事地察長幼順故上下治 舊本下有天地明察神明彰矣二句今移下文

故雖天子必有尊也言有父也必有先也言有

兄也宗廟致敬不忘親也修身慎行恐辱先也

天地明察神明彰矣宗廟致敬鬼神著矣

舊本天地明察二句在長幼順故上下治之下文義不相蒙今移於此

凡爲明王父天母地宗功祖德因郊祀以致敬於祖禰因禘嘗以致愛於邦族因祖禰以敬人之父老因邦族以愛人之子弟因天下之父老子弟以自愛敬其身身者天地鬼神之知能也天地鬼神有天子之身以效其知能而後禮樂有以作位育有以致孟子曰人之所不慮而知者其良知也所不學而能者其良能也天地鬼神詘於天子以効其知能雖不學慮而所學慮者固已多矣

孝悌之至通於神明光於四海無所不通

郊祀明堂吉禘饗廟因而及於山川壇壝田祖后稷丘陵墳衍宗工先臣之有功德於民者以及於百蜡厲儺之祭皆以致愨之義通之則亦無所不通矣釋奠於學誓於澤宮乞言合語養老養幼飲酒於鄉選士於射惠鮮小民及於鰥寡皆以致愛之義通之則亦無所不通矣愨與愛兼致也不敢惡慢則皆有神明之道焉爲天子而以神明待天下天下亦以神明奉天子傳曰天之所覆地之所載日月所照霜露所隊凡有血氣者莫不尊親故曰配天故孝經者周公之志也

詩云自西自東自南自北無思不服

其無不服者何也敬也天地神明之治也尊在而尊長在而長親在而親無宅達之天下也日月之相迎星辰之相次風雷山澤之相命無不繇此者曾子曰仁者仁此

者也義者宜此者也忠者中此者也信者信此者也禮者體此者也行者行此者也彊者彊此者也樂自順此生刑自反此作夫孝者天地之大經也置之而塞於天地衡之而衡於四海施諸後世而無朝夕推而放諸東海而準推而放諸西海而準推而放諸南海而準推而放諸北海而準詩云自西自東自南自北無思不服是之謂也

右經十六章 凡一百九字 小傳五百二十五字

大傳第十六

凡三王教世子必以禮樂樂所以修內也禮所以修外也禮樂交錯於中發形於外是故

其成也懌恭敬而溫文立太傅少傅以養之欲其知父子君臣之道也太傅審父子君臣之道以示之少傅奉世子以觀太傅之德行而審喻之太傅在前少傅在後入則有保出則有師是以德喻而教成也師也者教之以事而喻諸德者也保也者慎其身以輔翼之歸於道者也

明王之事天地則自其事父母始也其敬長尊老不敢惡慢於天下則猶自父兄而推也以天子之尊而必有其父兄故立爲保傅以教之保傅之不足而又爲養老齒

冑以示之示之不足而又爲侯以射之言夫強猛不服不知父兄君長之義者之可以發的也天子不敢忘父母則不敢易天地不敢忘親則不敢辱先不敢辱先則不敢不敬其身矣賈生曰天子不踰於先聖王之德不知君國畜民之道不見義禮之正不察應事之理不傳古之典傳不閑於威儀之數詩書禮樂之無經學業之不法凡此其屬太師之任也古者齊太公職之天子不媚於親戚不惠於庶民無禮於大臣不忠於刑獄無經於百官不哀於喪不敬於祭不戒於戎事不信於諸侯不誠於賞罰不厚於德不彊於行賜予侈於左右吝惜疏於卑遠不能懲忿窒欲大行大德大義大道不從太師之教凡此其屬太傅之任也古者魯周公職之天子處位不端受業不敬教誨諷誦詩書禮樂之不經不法不古言語不序音聲不中律趨讓進退

不以禮升降揖讓無容視瞻俯仰無節安
咳唾數顧趨行不德色不比順隱琴肆瑟
凡此其屬太保之任也古者燕召公職之
天子燕辟廢其學左右之習詭其師答遠
方諸侯遇貴大人不知文雅之辭答左右
近臣不知已諾之適簡聞小誦之不博不
習凡此其屬少師之任也古者史佚職之
天子居處出入不以禮衣服冠帶不以法
御器在側不以度雜綵從美不以章忿怒
說喜不以義賦與譙讓不以節小行小禮
小義小道凡此其屬少傅之任也天子居
處燕私安所易樂而湛夜漏屏人而數飲
酒而醉食肉而飽飽而强飢而惏暑而暍
寒而嗽寢而莫宥坐而莫侍行而莫先莫
後尚自為開戶自取玩好自執器皿函顧
還面而御器之不舉不藏拆毀喪傷凡此
其屬少保之任也干戚戈羽之舞管籥琴
瑟之會號呼謌謠聲音不中律燕樂雅頌

不中序凡此其屬詔工之任也不知日月之不時節不知先王之諱與國之大忌不知風雨雷電之眚凡此其屬大史之任也凡此八任者皆未及於孝弟也然以修身慎行不至辱先則亦庶矣故爲天子之道則必自世子始也記曰知爲人子然後可以爲人父知爲人臣然後可以爲人君知事人然後能使人故教天子以孝弟者必自教世子始也教世子則其所教天子者亦如此矣詩曰佛時仔肩示我顯德行

先王之所以治天下者五貴有德貴貴貴老敬長慈幼此五者先王之所以定天下也貴有德何爲也爲其近於道也貴貴爲其近於君也貴老爲其近其親也敬長爲其近其兄

也慈幼爲其近於子也是故至孝近乎王至弟近乎霸至孝近乎王雖天子必有父至弟近乎霸雖諸侯必有兄先王之教因而不改所以領天下國家也

凡是五者則皆備於太學矣燕享朝聘鄉飲酒耕籍蒐狩則皆從太學來者也太學而外道莫備於宗廟莫嚴於朝廷朝廷尊尊宗廟親親尊尊親親則循是一家之治也其使天下各尊其尊各親其親則非復一家之治也故貴有德貴貴貴老敬長慈幼其道公於天下各舉其所近因性而不改是先王之所謂至要也

周公踐阼庶子之正於公族者教之以孝弟

睦友子愛明父子之義長幼之序其朝于公
內朝則東面北上貴者以齒其在外朝則以
官司士爲之其在宗廟之中則如外朝之位
宗人授事以爵以官其登餕獻受爵則以上
嗣庶子治之雖有三命不踰父兄其公大事
則以喪服之精麤爲序雖公族之喪亦如之
以次主人
若公與族燕則異姓爲賓膳宰爲主人公與
父兄齒族食世降一等其在軍則守於公禰

公若有出疆之政庶子以公族之無事者守
於公宮正室守太廟諸父守貴宮貴室諸子
諸孫守下宮下室五廟之孫祖廟未毁雖爲
庶人冠娶必告死必赴練祥則告賵賻承含
皆有正焉
公族無宮刑大辟讞于公公三宥之有司三
致辟三宥不對走出致刑于甸人公使人追
之有司對以無及反命公素服不舉爲之變
哭于異姓之廟

公族朝於內朝內親也雖有貴者以齒明父子也外朝以官體異姓也宗廟之中以爵爲位崇德也宗人授事以官尊賢也登餕受爵以上嗣尊祖之道也喪紀以服之輕重爲序不奪人親也公與族燕則以齒而孝弟之道達矣其族食世降一等親親之殺也戰則守於公禰孝愛之深也正室守大廟尊宗室而君臣之道著矣諸父諸兄守貴室子弟守下室而讓道達矣五廟之孫祖廟未毀雖及庶人冠娶必告死必赴不忘親也親未絕而列於庶人賤無能也敬弔臨賵賻睦友之道也古者庶子之官治而邦國有倫邦國有倫而衆鄉方矣公族之罪雖親不以犯有司正術也所以體百姓也刑于隱者不與國人慮兄弟也弗弔弗爲服哭於異姓之廟爲忝祖遠之也素服居外不聽樂私喪之也骨肉之親無絕也公族無宮刑不翦其類也是周道

也三代不相襲禮親親貴貴賢賢相循環也而要於有父有兄與仁與讓則未有著於太學者也太學之不釋奠於先老不齒胄於國子不禮三老五更不合養老幼而可以廣孝弟未之有也故文王世子之學聖人之明察所繇始也

天道至教聖人至德廟堂之上罍尊在阼犧尊在西廟堂之下縣鼓在西應鼓在東君在阼夫人在房大明生於東月生於西此陰陽之分夫婦之位也君西酌犧象夫人東酌罍尊禮交動乎上樂交應乎下和之至也

天地者父母之象日月者夫婦之象也以日月著天地以夫婦存父母以夫婦父母

章於日月天地此神明之道聖王未之有易也禮樂交動東西互答以敬明愛以報其祖禰則祖禰之心安以告於神祇則神祇之情適然則天地之不分祀后夫人之不與郊祭何也曰高禖之祭則黃帝之四妃與焉大明之奏則摯莘之二女從焉高禖近於天地大明近於日月古人之禮則必有取之也記曰天子親耕於南郊以共齊盛王后親蠶於北郊以共純服諸侯耕於東郊以共粢盛夫人蠶於北郊以共冕服天子諸侯非莫耕也王后夫人非莫蠶也身致其誠信誠信之謂盡盡之爲敬敬盡然後可以事神明此所以通於神明之義也然則天地不分祀而君后分耕蠶何也曰祀可合也耕蠶不可合也然則分祀非禮與曰何爲其非禮也其致者親分致者尊親不如尊之慤也頌曰時邁其邦昊天其子之致尊之謂也既右烈考亦右文

毋致親之謂也致親於廟致尊於郊致親
於內朝致尊於外朝三代百王各以義起
也

太廟之內敬矣君親牽牲夫人贊幣而從君
親制祭夫人薦盎君親割牲夫人薦酒卿大
夫從君命婦從夫人洞洞乎其敬也屬屬乎
其忠也勿勿乎其欲其饗之也納牲詔於庭
血毛詔於室羹定詔於堂三詔皆不同位盖
道求而未之得也設祭於堂爲祊乎外故曰
於彼乎於此乎一獻質三獻文五獻察七獻

神大饗其王事與天地之明察其在於大饗與而猶曰大饗之禮不足以大旅大旅之禮不足以饗帝何也大饗之禮夫婦所得以共盡也饗帝之禮夫婦所不得而共盡也萃萬國之懽心以事其親又推其從出之祖以配上帝不合天下之賢親老幼起敬起愛則不足以教美報也故曰萬物本乎天人本乎祖取財於地取法於天是以尊天而親地教民美報聖王之至要也

凡祭有四時春祭曰礿夏祭曰禘秋祭曰嘗冬祭曰烝礿禘陽義也嘗烝陰義也禘者陽之盛也嘗者陰之盛也故曰莫重於禘嘗古

者祫禘也發爵賜服順陽義也祫嘗也出田邑發秋政順陰義也故記曰嘗之日發公室示賞也草艾則墨未發秋政則民弗敢草也故曰禘嘗之義大矣

未發秋政民弗敢草夫猶是殺草木不時非孝之意乎春視賞而秋視罰不賞則亦不罰也先賞而後罰周道也賞人於廟罰人於社社者秋之告成者也草木霜露順其陰陽慶賞刑威中於理義故神明之意得而四海之心服也然則治天下之要在於賞罰也聖人不以賞罰爲義而以孝弟爲義者何也曰以孝弟爲義其意不在於名法孝弟明而名法出矣以名法爲義其意不在於孝弟賞罰明而孝弟衰矣故曰

言思可道行思可樂不肅而成不嚴而治其本出於此也

先王之薦可食也而不可耆也卷冕路車可陳也而不可好也武壯而不可樂也宗廟之威而不可安也宗廟之器可用也而不可便其利也所以交於神明者不可同於安樂之義也

酒醴之美明水之尚貴五味之本也黼黻文繡之美疏布之尚反女功之始也莞簟之安而蒲越稾鞂之尚明之也大羹不和貴其質

也大圭不琢美其質也冊漆雕幾之美素車
之乘尊其樸也貴質而已矣所以交於神明
者不可同於安褻之義也
神明之道始於太素父母之道始於太質
天地之道始於太樸此三始者孝弟之本
義也有其質而後文生焉天子之始存於
世子世子之始存於孩提故以三命加於
父兄爲天子而紲親長非禮也然則爲天
子則絕齊期之喪何也曰未之絕也其意
猶有存焉去文而已孝經之意在於反質
反質追本不忘其初春秋之嚴孝經之質
皆遡溯於天地明本於父母所以致其素
樸交於神明之道也
天下無生而貴者也繼世以立諸侯象賢也

以官爵人德之殺也死而謚今也古者生無爵死無謚禮之所尊尊其義也失其義陳其數祝史之事也故其數可陳也其義難知也知其義而敬守之天子之所以治天下也

天下無生而貴故以天子而尊父兄天地之序也天下無惡慢人而不惡慢於人故以天子而恐辱先是聖賢之功守也以天子而猶恐辱先則天下之恐辱先者多矣桀紂之爵見薄於匹夫幽厲之謚見訾於臣子故爵謚者古人所不貴也然且周公身爲之周公以爲迂其身以善其君故反古而不疑也然則孝經稱爵而不稱謚春秋稱謚與爵文質互用與曰堯舜禹湯皆謚也禮有其義有其數數者祝史之事也

春秋得其義孝經得其志得其志而敬守
之雖萬世一姓可也
子曰武王周公其達孝矣乎夫孝者善繼人
之志善述人之事者也春秋脩其祖廟陳其
宗器設其裳衣薦其時食宗廟之禮所以序
昭穆也序爵所以辯貴賤也序事所以辯賢
也旅酬下爲上所以逮賤也燕毛所以序齒
也踐其位行其禮奏其樂敬其所尊愛其所
親事死如事生事亡如事存孝之至也郊社
之禮所以事上帝也宗廟之禮所以祀乎其

先也明乎郊社之禮禘嘗之義治國其如示
諸掌乎
孝弟之至通乎神明光乎四海其武王周
公之謂也通神明光四海而後謂之達故
達孝之難也以其本性立教達於天下則
盡人而能之記曰祭有十倫見事鬼神之
道焉見君臣之義焉見父子之倫焉見貴
賤之等焉見親疏之殺焉見爵賞之施焉
見夫婦之別焉見政事之均焉見長幼之
序焉見上下之際焉鋪筵設几祝於室出
于祊以交神明君迎牲而不迎尸以明君
臣之義尸爲子行父北面事之以明子父
之道尸飲五君洗玉爵獻卿尸飲七以瑤
爵獻大夫尸飲九以散爵獻士以明尊卑
之等羣昭羣穆不失其倫以明親疏之數
賜爵祿必於太廟一獻之後降阼命書以

明爵賞之施君立阼夫人立東房夫婦授
受不相襲處以明夫婦之別爲組貴骨分
惠以差貴賤以明政事之均賜爵皆
分昭穆有司以齒以明長幼之序煇胞翟
閽咸有界與以明上下之際此十者君子
之所謂備也禮貴備貴時貴順貴稱羔豚
而祭百官皆足大牢而祭不必有餘禮之
所謂稱也稱生於孝弟行於仁讓而不在
於爵位也禮天子犆礿祫禘祫嘗祫烝諸
侯礿則不禘禘則不嘗嘗則不烝烝則不
礿諸侯礿犆禘一犆一祫嘗祫烝祫諸侯
之不敢備禮爲有事於天子且致敬讓之
意也然則禮不王不禘何也曰謂大祫也
五年大祫禘其祖所自出而以其祖配之
則諸遷主皆在焉然則姬姓諸侯皆祖后
稷后稷其所自出也而獨周公用之何也
曰周公得用天子之禮樂周公之用天子
之禮樂武王之志文王之事也然則成王

賜之伯禽受之皆是與曰何爲其不是也
夏殷亡國之後也而猶各用其禮樂諡不
可以與王而黜前王之秩也周公身致王
治創制禮樂故兼用殷禮參酌四代以匹
於二王之恪何過之有且是成王之賜也
成王六歲而治天下以議禮制度始於其
身非有所拂亂於先王之務也詩曰維清
緝熙文王之典肇禋迄用有成然則仲尼
不欲觀禘而歎周公其衰何也曰仲尼之
歎蓋歎魯也政出私門而雍歌下堂魯室
旣衰而周公不康然則仲尼以禘與周公
與曰與周公也何與之曰以舜而知其與
之也與之何義也曰大德者必得其位必
得其祿必得其名必得其壽是其義也然
則魯九十郊而仲尼皆非之何也曰周公
之衰自桓公而後也桓公而後則其取僖
公何也曰詩之於春秋猶毋之於父也父
嚴而毋慈父尊而毋親僖公之四十託詩

於慈親然則周公見嚴於春秋與日春秋之嚴周公之志也龜著牛鼠峻於神明

右傳九則大傳一千二百七十八字小傳三千一百六字

事君章第十七

子曰君子之事上也進思盡忠退思補過將順其美匡救其惡故上下能相親也

忠順不失以事其上是士君子之孝也士君子既以忠順自著則亦恂恂粥粥使上下稱恭謹足矣而又曰盡忠補過將順匡救何也曰惡夫愛其君之不若愛其父敬其君之不若敬其父者也生我者莫如父愛我者莫若父其父有過而猶且諫之諫之不聽而號泣以隨之至於君則曰非獨吾君也是愛敬其君不若其父之至也且

以父爲得罪於州里鄉黨不俾勞身以成父之名至於君而獨不然者寧使君取咎於天下萬世不欲當吾身失其祿位則是以身之祿位重於君之社稷也孟子曰小弁之怨親親也親親仁也親之過小而怨是不可磯也親之過大而不怨是愈疏也不可磯不孝也愈疏亦不孝也夫以怨而猶謂之孝以盡忠匡救而謂之不忠則君臣上下亦泮乎如道路人而已詩曰不屬于毛不離于裏言夫上下之不相親也不相親而親之莫如以忠與上以過自與以美救惡以惡匡美是仲尼所以取諷也

詩云心乎愛矣遐不謂矣中心藏之何日忘之

愛資母者也敬資父者也敬則不敢諫愛則不敢不諫愛敬相摩而忠言逆出矣故爲子而忘其親爲臣而忘其君臣子之大戒也然則忠孝之義並與曰何爲其然也

忠者孝之推也忠之於天地猶疾雷之致風雨也孝者天地之經義也物之所以生物之所以成也以孝事君則忠以孝事長則順以孝事父則信以孝事鬼神則格以孝事天地則禮樂和平疵患不生災害不作故孝之於經義莫得而並也孟子曰人少則慕父母知好色則慕少艾仕則慕君不得於君則熱中故忠者孝之中務也以孝作忠其忠不竆詩曰王事孔棘不能蓺黍稷父母何食言夫孝之竆於忠者也

右經十七章 凡四十九字 小傳五百四十二字

大傳第十七

子言之事君先資其言拜自獻其身以成其信是故君有責於其臣臣有死於其言故其

受祿不誣其受罪益寡

行先而言從居身之道也言先而行從致身之道也記曰君子先行小人先言先資其言自獻其身孝子而亦爲之乎孝子不爲之則無以得於君而報其親孝子亦爲之則有以殺其身而宛其言然則孝子奚擇乎晏平仲曰君有不量於臣臣不可不量於君故君擇臣而使臣擇君而事是孝子之本義也

子曰事君大言入則望大利小言入則望小利故君子不以小言受大祿不以大言受小祿易曰不家食吉

君子終日言不及利親在不言畜產朝語不及御馬與君子處不言祿位與小人語

◎

不及報施而曰望利受祿何也曰利者易之所不禁也易之多識前言往行亦有所利之也利涉川以爲舟楫也不然則利祿之行孝子所不舉也

子曰事君不下達不尚辭非其人弗自小雅曰靖共爾位正直是與神之聽之式穀以女

下達則靡也尚辭則費也自非其人則是以親之身爲市也閔子之辭汶上也可謂正直矣而猶且有辭焉不惡而嚴故以無匡救爲匡救者閔子之於費是也

子曰事君遠而諫則讇也近而不諫則尸利也子曰邇臣守和宰正百官大臣慮四方

邇臣守和則可以不諫矣不諫而謂之尸利何也和者鹽梅之務也水水之相濟琴

瑟之專一君子之所不御也慮而後正正而後和守和則守正守正則長慮慮守正長慮而不諫者未之有也書曰告君乃猷裕我不以後人迷夫非正諫而言此者乎

子曰事君欲諫不欲陳詩云心乎愛矣遐不謂矣中心藏之何日忘之

諫則微者也陳則不微也諫出於人所不見陳則與衆見之故臣敎之敬不如將順之愛也汲黯大慮以直陳而見疏石建小慮以屏人而得主故將順之與臣敎共慮也詩曰哀哉不能言匪舌是出維躬是瘁哿矣能言巧言如流俾躬處休

子曰事君難進而易退則位有序易進而難退則亂也又曰事君三違而不出竟則利祿

也人雖曰不要吾不信也
易進難退亦有大言大利之望者乎大入
而望大利大言而受大祿夫皆以是要君
者也其達不以情其自不以人其辭不以
倫賄賂是行奸宄是因功利是稱此三者
皆所以要君也以是三者要君故以聖人
之法孝子仁人之言皆不足稱也是天下
之所繇亂也故知易進難退之可以長亂
者則亦知所以遠亂矣子曰君子三揖而
進一揖而退以遠亂也其所以遠亂者何
也不與利祿之人共其功名也

子曰事君慎始而思終

孝有終始則忠亦有終始孝無終始則忠
亦無終始矣慎始敬終皆爲身也爲身則
亦爲親爲親則亦爲君矣夫以揚君之過
爲足以顯親之名者乎苟進而亂終借親

以要君保其利祿以自爲不敗者是亦君子之所鄙也

子曰事君可貴可賤可富可貧可生可殺而不可使爲亂

父母之養其子貧賤生死有不能免也而以爲亂人之父亂人之子則負敗不爲夫以易進難退之心居將順不違之位其扵利祿猶盜之也而又盜仁孝之言以營其身則可使爲亂必不可使貧賤也詩曰君子信盜亂是用暴盜言孔甘亂是用餤

子曰事君軍旅不辟難朝廷不辭賤處其位而不履其事則亂也故君使其臣得志則慎慮而從之否則孰慮而從之終事而退臣之

享也易曰不事王侯高尚其事

愼慮所以履事也孰慮所以終事也愼慮則多忠孰慮則寡過夫當不得志之時其所孰慮者無他亦曰不履事則已矣不履事而猶可以終事是蠱之謙者也蠱壞而成謙卑而光是仁人孝子不得志者之事也聖人之所隱也

子曰惟天子受命於天士受命於君故君命順則有順命君命逆則有逆命

異哉不似夫子之言也始仕之無所逆命也猶草木之於風雨也以謂均受之於天君有所不受於天則臣有所不受於君然不若思補臣救之正也夫是大臣之道也仲山甫蔿良夫之任也晏子曰有道順君無道橫命爲士而橫命猶孺子之竊其弄

也取憯扵毋而已詩曰維彼哲人告之話言順德之行

子云善則稱君過則稱己則民作忠君陳曰爾有嘉謀嘉猷入告爾后于內女乃順之于外曰此謀此猷惟我后之德扵乎是惟良顯哉

過則稱己可謂補過者矣爲大臣不慮四方使過過成扵上而善淺扵下猶月之食日也月實作過日則何過之有記曰五味和而公食之五組綴而公衣之嘉謀嘉猷非我后之德而誰乎故以引過歸德爲臣子之文者則又過也詩曰維仲山甫補之維仲山甫舉之吉甫稱之不以爲罪宣王聞之不以爲過是則盛世之事也無它親也

又言之善則稱親過則稱巳則民作孝太誓
曰予克紂非予武惟朕文考無罪紂克予非
朕文考有罪惟予小子無良

是皆質言之非文也晨夕以侍其親言色不離而以爲親過者孰安之乎故將順匡救之言皆爲中主發也人主莫不上聖自爲而臣以中主事之必曰而之事我何不若文王之事王季太顛閎夭之事文王也則敗矣又不曰爲禹之事舜也曰無若丹朱傲惟慢游是好傲虐是作罔晝夜頟頟罔水行舟則以爲禹罪者乎則疏者乎

曾子曰君子雖言不受必忠曰道雖行不受
必忠曰仁雖諫不受必忠曰智天下無道循

道而行衢塗而債手足不揜四支不被説者申愍勤耳詩云行有死人尚或墐之此則非士之罪也有士者之羞也

孝子之言何其厲也曰道曰仁曰智夫自以爲無過乎自以爲無過則自以爲無罪是非孝子之道也微子比干箕子自以爲無罪乎書曰今爾無指告予顛隮若之何其是亦三仁之罪也孝子之進必有和氣退必有異色雖中道死不非其上不以罪自説是孝子之行也然則曾子未與於此乎曰曾子毅其立辭也嚴

曾子曰天下有道則君子訢然以交同天下無道則衡言不革諸侯不聽則不干其土聽

而不賢則不踐其朝是以君子不犯禁而入
人境及郊問禁請命不逼患而出危邑則秉
德之士不讇矣

及郊請命不犯禁而入境是猶有將順之心也不逼患而出危邑是猶有匡救之意也不聽不行不踐其朝是不已踈乎上親其下下不敢親其上上親其下則義也下親其上則讇也然則上下相親何也曰訢然交同有道之世也溫文玄感聖人之治也以聖人事君則世無不親之君以聖人使臣則世無不親之世曾子或未之逮也

曾子曰君子不讇富貴以爲已說不乘貧賤
以居已尊凡行不義則吾不事不仁則吾不

長相奉仁義則吾與之聚羣嚮爾寇盜則吾與慮國有道則変若入焉國無道則変若出焉如此之謂義夫有世義者哉曰仁者殆恭者不入愼者不見使正直者遁於刑弗違則殆於罪是故君子錯在高山之上深澤之汚聚橡栗藜藿而食之耕稼以老十室之邑昔者大禹見耕者五耦而式過十室之邑則下爲有秉德之士存也

繇曾子之道可以親上乎甚矣曾子之戇也仁義則與聚羣嚮寇盜則吾與慮是曾

子之慈也不義不事不仁不長夫謂諸侯也天下一君義如遇雨則如之何曰仁者愛人有禮者敬人愛人者人恆愛之敬人者人恆敬之曾子則必有以處此矣然則盡忠補過將順匡救誰與之乎曰銅鞮伯華將軍文子祁奚子產其人也過是者其惟文公諸臣乎狐偃趙衰魏犨胥臣先軫郤縠則皆賢者也雖然非文公不親

右傳十五則 大傳七百五十六字 小傳一千六百七十一字

喪親章第十八

子曰孝子之喪親也哭不偯禮無容言不文服美不安聞樂不樂食旨不甘此哀慼之情也

子曰喪與其易也寧戚易則文也戚則質也天下之文不能勝質者獨喪也聖人以

孝教天下本於人所自致而致之冬溫而夏清昏定而晨省出必面反必告聽無聲視無形不登高不臨深不苟訾不苟笑不服闇不登危此非有物力致飾於生也擗踊號泣毀水抌塊苴杖居廬哀至則哭升降不繇阼階出入不當門隧默而不唯唯而不對對而不問此非有物力致飾於死也凡若是者性也性者教之所自出也因性立教而後道德仁義從此出也夫談道德仁義於孝子之前者抑末矣故以喪禮立教猶萬物之反首於霜雪也帝王禮樂之所著根也

三日而食教民無以死傷生毀不滅性此聖人之政也喪不過三年示民有終也

性而授之以節謂之教教因性也三日而食粥三年而終喪猶三日而瞑三年而明

語也知生謂之理知終謂之道知制謂之法理不可諭道不可告因性立教則賢者可抑而退不肖者可挽而進也然則上古有以毁滅性有以喪踰制者乎曰未之有也未之有而禁之何也曰聖人之教也以謂世皆孝子也尊性而明教欲與世之孝子共準於道然則是不已文與曰其情有餘也而裁之質則猶未爲文也

爲之棺槨衣衾而舉之陳其簠簋而哀慼之擗踊哭泣哀以送之卜其宅兆而安措之爲之宗廟以鬼享之春秋祭祀以時思之

若是者皆質也質者堯禹皇王所不能增辛癸黎庶所不能減也以六者送死重隧犆袷不必有餘懸窆羞豚不必不足其歸於六物者則已矣故天子卿大夫士庶人

等制不一而各有以自致不一者爲之文自致者謂之質文有損益質無損益而戎狄釋老必欲起而亂之率不能亂者是先王之教以人性爲之根氐也

生事愛敬死事哀慼生民之本盡矣死生之義備矣孝子之事親終矣

孝子之事親終則先王之道德亦終矣先王之道德終者何也天地之道有終有始鬼神之義一屈一伸神明之行始於東方而終於北方禮樂之情發於憂樂而極於敬愛憂賞刑威先王貴之而有所不用也本生則末生本盡則末盡以憂敬而事生天下之人皆有以事其生以哀慼而事死天下之人皆有以事其死皆有以事其生則鉶羹藜臭等於五鼎皆有以事其死則孺泣號跳齊於七廟故義者文也本者質

也本盡則義備質盡則文至然且孝子皆有祭祀上配富有享保之思則是皆無有盡也故聖人著其真質以示其至要曰先王之所教順底於無怨者不過若此而已使世之王者皆繇其道以教民愛敬感民哀感養生送死各致其質則天下大治孟子曰養生送死無憾然而不王者未之有也

然則性爲生者乎曰性與生來不從生生不從生生而從滅滅何也曰性不可滅愛敬之道滅而性滅性不資生愛敬之道生而性生故曰父子之道天性也以毀而滅性使父失其慈子失其孝州閭鄉黨失其仁則謂之滅性滅性之非傷生猶傷生之非滅性也然而生傷則其性亦浸滅矣故毀之與傷聖賢所同戒也然則惡毀傷謂其近於死者乎曰仁孝之義存愛敬之理得雖死而不滅仁孝之義虧愛敬之理失

雖生而已傷然則居親之喪毀瘠過度未失愛敬也而惡其滅性者何也曰君子之性也非爲生之謂也天之所命道之所立天下之所法後世之所頌畎畝而享南面韋布而配上帝孟子曰君子所性仁義禮智根於心傳曰惟天下至誠爲能盡其性能盡其性則能盡人之性能盡人之性則能盡物之性能盡物之性則可以贊天地之化育可以贊天地之化育則可與天地參矣故性參天地者也然則性參天地非毀所能滅使性可以毀滅則性不能參於天地曰是何言也天地之性始微而終著其託於臣子猶父母之託體也曰鞠養之冀其成長孟子曰人之有是四端也猶其有是四體也知皆擴而充之矣若火之始燃泉之始達夫使受性者若火之不燃泉之不達則天地父母皆靳之矣然則滅性之於傷膚有別乎曰滅性近名者也傷膚

近刑者也名者性之賤刑者性之賊也然則樂正子春之傷足也不近於刑名而其痛近於滅性何也曰性出於天地身出於父母滅性而傷天地傷膚而悑父母仁人君子則必有以慮此矣然則刑名同禍也而君子猶不惡名何也曰性不滅名亦不滅性與身俱生故親之名不與身俱生故尊之尊名而親身皆天也

右經第十八章凡一百四十二字小傳一千三百三十五字

大傳第十八

親始喪雞斯徒跣扱上袵交手哭踊惻怛疾痛乾肝焦肺水漿不入口三日不舉火故鄰里爲之糜粥以飲食之悲哀在中故形變於

外痛疾在心故口不甘味身不安美三日而斂動尸舉柩哭踊無數謂其已斂而不可復生也

記曰三日而后斂俟其生也三日不生孝子之志亦衰矣又曰計其可成矣親戚可至矣故以三日斷之夫孝子之志何哀之有謂其欲生之意斬然哀矣故哀之哀者變哀者也然則乙丑至癸酉九日矣乃治材敷几道揚未命何也曰已斂矣已舉矣未成服而先揚命揚命而後正終正終而後正始正始而後成服服所以教喪之有主也是爲天下主者也其事益大其禮益重若夫括袒哭踊悲哀則庶人之達於天子一也然則入自南門之外而循之奔喪者與曰異宮也將即位而賓之萬物之始相

見也異夫内之擁立子者也自天子而下
無有也
斬衰何以服苴苴惡貌也所以首其内而見諸外也斬衰貌若苴齊衰貌若枲大功貌若止小功緦麻容貌可也此哀之發於容體者也斬衰之哭若往而不反齊衰之哭若往而反大功之喪三曲而偯小功緦麻哀容可也此哀之發於聲音者也斬衰唯而不對齊衰對而不言大功言而不議小功緦麻議而不及樂此哀之發於言語者也斬衰三日不食

齊衰二日不食大功三不食小功緦麻再不食士與斂焉一不食故父母之喪既殯食粥朝一溢米莫一溢米齊衰之喪疏食水飲不食菜菓大功不食醯醬小功緦麻不飲醴酒此哀之發於飲食者也父母之喪居倚廬寢苫枕塊不稅絰帶齊衰之喪居堊室芐翦不納大功以席降以床此哀之發於居處者也

又曰父母之喪既虞卒哭疏食水飲不食菜菓期而小祥食菜菓又期而大祥有醯醬中月而禫禫而飲醴酒始飲酒者先飲醴酒始食肉者先食乾肉又曰父母之喪

既虞卒哭柱楣翦屏芐翦不納期而小祥
居堊室寢有席又期而大祥居復寢中月
而禫禫而床內則曰居喪之禮頭有創則
沐身有瘍則浴有疾則飲酒食肉疾止復
初不勝喪乃比於不慈不孝五十不致毀
六十不毀七十惟衰麻在身飲酒食肉處
於內凡此者皆本性而立教雖稍爲節文
未離乎質也

記曰始死充充如有窮既殯瞿瞿如有求而
弗得既葬皇皇如有望而弗至練而慨然祥
而廓然

人之觀聖人也以其禮節聖人之觀人也
以其精神精神者禮樂文質之本也三年
之內分爲五際愛者致其愛敬者致其敬
愛敬哀戚合逆而流雖常人亦循是情也

而顏少連獨以是名夫豈其節文獨有以
異於人者乎

縣子曰三年之喪如斬期之喪如剡三年之喪雖功衰不弔自諸侯達於士如有服而將往哭之則服其服而往期之喪十一月而練十三月而祥十五月而禫練則弔旣葬大功弔哭而退不聽事焉期之喪未葬弔於鄉人哭而退不聽事焉

功衰在齊衰謂之期齊衰練而可以弔是則
已殺矣縣子則循之殷禮也

子貢問喪子曰敬爲上哀次之瘠爲下顏色

稱其情戚容稱其服少連大連善居喪三日不怠三月不解期悲哀三年憂東夷之子也

凡三年之喪言而不語對而不問廬堊室之中不與人坐焉在堊室之中非見母不入門疏衰皆居堊室不廬廬嚴者也

記曰凡喪禮則哀爲之主矣告子貢而不然者則循之周禮也哀則已質已質則多過敬者哀之節也少連大連則循之質也夫爲卿大夫而上則必趨而文矣文有隆殺而質無隆殺從其嚴而嚴之循變廬而堊室其居處不同而情愫一也

父母之喪居倚廬不塗寢苫枕凷非喪事不

言君爲廬宮之大夫士襢之既葬拄楣塗廬不於顯者君大夫士皆宮之凡非適子者自未葬以往於隱者爲廬

支子雖避適子其於禮一也大夫士雖別於君其嚴一也嚴近乎文然且巳質則亦謂之質而巳經之不言居廬是猶純乎質者也

既葬與人立君言王事不言國事大夫士言公事不言家事君既葬王政入於國既卒哭而服王事大夫士既葬公政入於家既卒哭弁絰帶金革之事無辟也

古之仕者非於王室則其公族甥舅伯叔無所辟之值王事公事則固有弁經帶而從於外者矣苞屨扱衽厭冠不入公門入公門而從王事非禮也

君之喪三日子夫人杖五日旣殯授大夫世婦杖子大夫寢門之外杖寢門之內輯之夫人世婦在其次則杖卽位則使人執之子有王命則去杖國君之命則輯杖聽卜有事於尸則去杖大夫於君所則輯杖於大夫所則杖

大夫於君所則輯杖何也同爲君喪者也而避嗣君猶之親喪之與君殯也啟事則

歸反於君所此言夫君喪之不可以請也爲大夫而從公族之禮也非爲奪喪者也

辟踊哭泣哀以送之何也送形而往迎精而反也其往送也望望然汲汲然如有追而弗及也其反哭也皇皇然若有求而弗得也故其往送也如慕其反也如疑求而無所得也入門而弗見也上堂又弗見也入室又弗見也亡矣喪矣不可復即矣故哭泣辟踊盡哀而已矣悵焉愴焉惚焉愾焉心絶志悲而已矣

祭之宗廟以鬼享之徼幸復反也成壙而歸不敢入處室居於倚廬哀親之在外也寢苫枕塊哀親之在土也故哭泣無時服勤三年思慕之心孝子之志也人情之實也

或問曰杖者何也曰身體病羸以杖扶病也然則父在不杖矣父在在不杖堂上不杖然則齊衰之無辟踊乎曰夫亦其孝子也孝子之志非父所制也故曰禮義之經非從天降也非從地出也人情而已振於人情之為質從人情而著焉之為文

免喪之外行於道路見似目瞿聞名心瞿弔死而問疾顏色戚容必有以異於人也如此

而後服三年之喪

服喪者之志有以異於人乎夫其性觸之心凝之有不自知也必以如是爲稱服喪者則其文也多矣子曰無服之喪內恕孔悲

記曰喪禮哀慼之至也節哀順變也君子念始之者也復盡愛之道也有禱祠之心焉北面求諸幽之義也拜稽顙隱之甚也飯用米貝不忍虛也以死者爲不可別矣故旌以識之辟踊哀之至也有筭爲之節也袒括髮去飾之甚也慍哀之變也弁絰葛而葬與神交

也周人弁而葬殷人哻而葬歛主人主婦爲
其病也君命食之也反哭升堂反諸其所作
也主婦入于室反諸其所養也反哭之弔也
哀之至也反而亡焉失之矣於是爲甚殷人
既封而弔周人反哭而弔孔子曰殷已慤吾
從周
既封而弔巳文也而謂之巳慤則將從其迓綏者乎謂疑其安魄也
既封主人贈而祝宿虞尸既反哭主人與有
司視虞牲有司以几筵舍奠於墓左反日中

而虞不忍一日離也是日也以虞易奠卒哭曰成事是日也以吉祭易喪祭明日祔于祖父其變而之吉祭也必祔是日也殷練而祔周卒哭而祔孔子善殷

喪之朝也順死者之心也哀離其室也故至於祖考之廟而後行殷朝而殯於祖周朝而遂葬

夫子之葬也蓋衛朝而殯殯而後葬也朝而殯不謂之文練而祔不謂之質既封而弔不謂之慤反室而弔不謂之文夫子兼取之而謂夫子尚質者何也是非夫子之

所貴也夫子之所貴若愛敬哀感而已孝子以愛敬哀感爲實其煩促隆殺家相室老治之天子不加麤庶人不加細各極其情事而止故夏殷之禮夫子兼用之而有不盡也孔子之喪公西赤爲志焉飾棺牆置翣設披周也設崇殷也綢練設旐夏也故文則無所不之也公明儀治子張之喪褚幕丹質蟻結于四隅殷禮也夫以公明儀之意謂夫子宜用殷禮者乎夫子而參用三代亦何不可也故文者質之委也

高子皐之執喪也泣血三年未嘗見齒顏丁之執喪也始死皇皇焉如有求而弗得既殯望望焉如有從而弗及既葬慨焉如不及其反而息子思之母死於衛柳若謂子思曰子

聖人之後也四方於子乎觀禮子蓋慎諸子思曰吾何慎哉吾聞之有其禮無其財君子弗行也有其禮有其財無其時君子弗行也吾何慎哉

子思喪出母而不使子上喪出母何也子思自爲制者子上則子思制之也然則子思所謂財與時者何也傷其母之出也以爲貧也傷其不仕也以爲禮有所未盡也

子思曰喪三日而殯凡附於身者必誠必信勿之有悔焉耳矣三月而葬凡附於棺者必誠必信勿之有悔焉耳矣喪三年以爲極亡

則弗之忘矣故君子有終身之憂無一朝之
患也
誠信者敬哀之實也誠信敬哀皆質也葬
而葛弁祭而用明器非不誠信也三月而
外浸近於文焉近於文則王公貴人皆自
爲隆矣非道之爲汚隆者也
曾申問於曾子曰哭父母有常聲乎曰申路
嬰兒失其母焉何常聲之有有子與子游立
見孺子慕者有子謂子游曰予壹不知夫喪
之踊也予欲去之久矣情在於斯其是也夫
子游曰禮有微情者有以故興物者有直情

而徑行者戎狄之道也品節斯之謂禮自上世以來未之有舍也

喪之始於懷抱也踊之始於孺子慕也爾者情理之極也有子近於質子游近於文壹不知夫文質之至幾於自然聖人無所增損也雖然曾子有子知其本也

孔子曰啜菽飲水盡其歡斯之爲孝斂首足形還葬而無槨稱其財斯之爲禮又言之喪不慮居毀不危身喪不慮居謂無廟也毀不危身謂無後也

固知夫夫子之質也還葬而無槨以是爲禮者夫子蓋親行之而世不悟也然則葬

與廟孰重曰殷人重葬周人重廟殷之成墓而弔與夫弔於壙也太甲之居桐武丁之諒陰皆墓也周人虞而吉祭已葬而祔祔禘嘗烝皆在於廟以爲墓祭非禮也是不同道墓之貴北首謂溫清也廟之貴西首謂昭穆也然且君子有不得行其道者曰財也時也子路去魯謂顏淵曰何以贈我曰吾聞之也去國則哭于墓而後行反其國不哭展墓而入謂子路曰何以處我子路曰吾聞之也過墓則式過祀則下甚也二子之質也重其先慕其親敬其身然則野哭而夫子惡之弁人孺悲而夫子以爲非禮何也曰喪事總總迫而質遠而文倚質而不辨以是爲杜橋之沽也

孔子之喪有自燕來觀者舍於子夏氏子夏曰聖人之葬人與人之葬聖人也子何觀焉

昔者夫子言之曰吾見封之若堂者矣見若坊者矣見若覆夏屋者矣見若斧者矣從若斧者焉馬鬣封之謂也今一日三斬板而已封尚行夫子之志乎哉

固知夫夫子之質也大夫之封五尺夫子葢猶參三代之制也成子高曰葬也者藏也藏也者欲人之弗得見也是故衣足以飾身棺周於衣椁周於棺土周於椁反壤樹之已矣然則成子高不封乎曰是猶士庶人之禮也將適國而告之使過者皆式之如之何其不封也然則卜毛卜日孰爲輕重與曰卜毛是也墓之爲言慕也卜者必步焉武步皆坐左干而右戚文舞發步左籥而右翟周人皆用之未之學也然則

卜不改日與曰是皆有其制焉雖爾必葬
爾不克葬改日而葬春秋之所非也然則
葬不分昭穆卜不諏日吉與曰周之子姓
三百餘國其祔於豐畢者不能數公越時
而葬必有宅故內不可告於天子外不可
訃於郊國則亦何昭穆待吉之有
子夏既除喪而見予之琴和之而不和彈之
而不成聲作而曰哀未忘也先王制禮而不
敢過也子張既除喪而見予之琴和之而和
彈之而成聲作而曰先王制禮不敢不至焉
甚哉二子之情也情當之謂文情當之謂
質文質備矣愛敬不哀是可與語仁孝矣
仁孝無宅愛敬而已周公之祀明堂仲尼
之殯五父大舜之葬虞思季子之還左袒

此物此志也愛敬哀而情文濫情文濫而禮無所立魯悼公之喪季昭子問於孟敬子曰爲君何食敬子曰食粥天下之達禮也吾三臣者之不能居公室四方莫不聞矣勉而爲瘠則吾能毋使人疑夫不以情居瘠者执我則食食若是乎孟敬子之質也然而禮散矣生不能事歿不能喪也而以爲誠信可乎哉

子路曰吾聞諸夫子喪禮與其哀不足而禮有餘也不若禮不足而哀有餘也祭禮與其敬不足而禮有餘也不若禮不足而敬有餘也

子路之祭也室事交乎戶堂事交乎階質明而行事晏朝而退夫子以爲知禮謂其

賢於跛倚以臨者也周禮之貴遲久也三
時之積一日之接思成懍然而取優於食
息之頃安知夫神明之交與不交乎故哀
之與敬浹久而見者也詩曰我孔熯矣式
禮莫愆言其持久者也諸宰君婦廢徹不
遲言其終事者也固知夫子之善子路有
所未盡也然而子路質矣子曰禮與其奢
也寧儉喪與其易也寧戚則猶與夫子路
之質者也

孔子在衛有送葬者夫子觀之曰善哉爲喪
乎足以法矣小子識之子貢曰夫子何善爾
也曰其往也如慕其反也如疑子貢曰豈若
速反而虞乎子曰小子識之我未之能行也

夫子之未能行者何也曰禮繇中作速反
而虞夫子之行周禮也行周禮而不着衛
人則是夫子之哀也夫子葬於防且封矣
夫子先反雨甚門人後至孔子問焉曰防
墓崩孔子不應者三泫然流涕曰吾聞之
古不脩墓夫豈以殷人而不得行殷禮乎
殷人之禮也巳封而虞虞而反弔然而夫
子所尚以其疑慕也夫疑也而夫子以為
未能者乎甚矣夫子之仁也仁孝備而文
質生文質生而禮樂出矣

魯人有周豐也者哀公執摯請見之而曰不
可公曰我其已夫使人問焉曰有虞氏未施
信於民而民信之夏后氏未施敬於民而民
敬之何施而得此於民也對曰墟墓之間未

施哀矜民而民哀社稷宗廟之中未施教於民而民敬殷人作誓而民始畔周人作會而民始疑苟爲禮義無忠信誠慤之心以涖之雖固結之民其不解乎

若周豐者可謂知本矣哀敬之生生於孺慕愛親敬長致哀於父母生而能之生而知之生之有愛敬沒之有哀感此非必有保傅之訓討詩書之服習也因性而利導焉耳墟墓之間早已施哀宗社之中早已施教哀敬固結非一日之積也故爲人子者有無形之視無聲之聽無方之養無制之哀得其本則禮繇此起樂繇此作不得其本則徇聚孩提之童與之講殷周之誓誥也

孔子閒居子夏侍子夏曰敢問詩云凱弟君
子民之父母何如斯謂民之父母矣孔子曰
夫民之父母必達於禮樂之原以致五至而
行三無以横於天下四方有敗必先知之此
謂民之父母矣子夏曰民之父母旣聞命矣
敢問何謂五至孔子曰志之所至詩亦至焉
詩之所至禮亦至焉禮之所至樂亦至焉樂
之所至哀亦至焉哀樂相生是故正明目而
眎之不可得而見也傾耳而聽之不可得而

聞也志氣塞乎天地此之謂五至子夏曰五至既得而聞之矣何謂三無孔子曰無聲之樂無體之禮無服之喪敢問何詩近之孔子曰夙夜基命宥密無聲之樂也威儀棣棣不可選也無體之禮也凡民有喪匍匐救之無服之喪也子夏曰言則大矣美矣盛矣言盡於此而已乎孔子曰何爲其然也君子之服此猶有五起焉子夏曰何如孔子曰無聲之樂氣志不違無體之禮威儀遲遲無服之喪

内恕孔悲無聲之樂氣志既得無體之禮威儀翼翼無服之喪施及四國無聲之樂氣志既從無體之禮上下和同無服之喪以畜萬邦無聲之樂日聞四方無體之禮日就月將無服之喪純德孔明無聲之樂氣志既起無體之禮施及四海無服之喪施於孫子

甚矣夫子之文也性情之動以爲氣志氣志之動以爲詩禮樂横天下塞四海皆是也其始於愛其親以及於不敢惡天下之親其始於敬其長以及於不敢慢天下之長周公之祀后稷享文王成王之臨雍釋·奠齒胄養老堯舜之遏密八音勤事野處

亦皆此物此志也故天下之順非聖人能
順之也聖人因性立教動於至順而天下
順應之也詩曰媚茲一人應侯順德得其本
而順順用之以爲道則曰要道以爲德則曰
至德上下之和睦無怨則必繇此矣夫非
仲尼而誰能順動如此者乎易曰雷出地
豫先王以作樂崇德殷薦之上帝以配祖
考則必謂此也夫

右傳二十三則　大傳二千三百六十一字
小傳二千六百四十六字

崇禎十六年八月朔

門人中賁張天維
天彝游昌業
公植林有柏
仁祖胡夢鏑
爾王張若化
無涯陳有慶

無技陳允元
完公劉善懋
鱗威張人龍
賡穆劉溥
秉得魏呈習
季庸柯宰
伯王唐開先
鼎之張瑞鍾
尊光洪京榜
爾房胡逢甲
荃子林斗光
玄渕商應椿
仲求胡思諒
廣真吳宗顯
穆門林賓
德深戴造
紫相胡思讀
章桓張禹臣

諧仲商爲家
麗日徐焰如
元居胡長卿
思誠林子期
亨王林廸衡
同方林盛
管生陳駿聲
邴生陳駿章
朱堙
黄子静
黄子淵
黄堡
仝較刋

此書於癸未八月朔日
師命有柏夢鑌有度允元駿章堙静同集北
山草廬
師具章服北向望
闕五拜三稽首又向

太老師墓前四拜再拜稽首乃於堂中四先生
前再拜起立置書案上有柏夢鍇有度允
元駿章垣靜各四拜受卒業焉
癸未十月朔日胡夢鍇謹識

柏與
師從事四十年見
師行止坐臥只是一部孝經庚辛兩載
師在請室手書一百餘部比蒙
聖恩賜環歸家成帙九萬餘言諸生請共傳受
疑是古今孝行若王祥劉殷之類鼓篋出
之乃知聖門踐履盡在禮記孟子行誼盡
在七篇周公孔子作用盡在不敢惡慢於
人一句始愧從事四十年未嘗讀禮記孟
子如何得浪言讀孝經乎此書到處有鬼
神護持到處有日月星辰照臨其上切勿
輕易放置輕易品題　十月林有柏謹識

吾
師嘗云聖賢學問只是一部孝經曾孟兩家

爲聖門宗子千種書都說不到孝經田地
今觀集傳以一部禮記爲孝經義疏以孟
子七篇爲孝經導引其它六籍皆肇是書
豈鄭孔所能明邪朱所逮喻者乎天下後
世之讀是書者勿作集傳傳觀之也
十月陳有度謹識

夫子以孝經綱領六藝而其文簡質不若
他經之崇閎自劉鄭而下千數百家所紬
繹章句耳子輿不作誰明其原今讀集傳
昭昭乎日月江河也信爲它經祖禰矣有
聖人作將修周公之業於傳乎取之有聖
人作將明孔子之道於傳乎取之吾
師嘗云孝經千七百七十三字合于天行今
觀大小傳繁簡損益各有權度後有達者
當有悟於斯文矣
十月陳允元謹識

岳翁在白雲庫中手寫孝經百二十本本本
各別壇與德公止子同在西曹恨值飛潰

跳身先歸無繇錄其一二今見　蔣相公

召對恭紀中所載乃知此事已達

聽比歸發篋得孝經集傳問之止子及涂德

父皆未見原本惜當日所寫已散盡無

存今所刻乃孝經爲經以禮記一部及孟

子七篇錯綜爲緯與前日寫本絕不相同

乃知曾孟兩家傳受正嫡浩然弘教是一

樣立教立身非復先儒夢寐之所曾到也

十月朱垣謹識